贵州省 2009～2010 年特大干旱灾害及抗旱工作评价

贵州省人民政府防汛抗旱指挥部办公室
贵州省水利科学研究院 编著

黄河水利出版社
·郑州·

内 容 提 要

本书包括旱区基本情况、旱情旱灾及影响、旱情等级评估、抗旱工作评估及评价结论等内容。其中,旱情旱灾及影响主要基于各部门统计数据介绍了旱期各地旱情旱灾概况;旱情等级评估分别对旱期总时段、最不利时段、大季生长期以及小季生长期省内旱情分布情况进行了分析计算,并绘制了相应时段的旱情等级分布图;抗旱工作评估分抗旱工程措施和非工程措施两个层面进行,同时对抗旱效益进行了定量和定性计算,其中重点对水利工程抗旱效益分阶段进行了定量分析;评价结论基于前述分析成果,找出贵州防旱抗旱工作中存在的问题,并针对这一系列问题提出了相应的意见和建议。

图书在版编目(CIP)数据

贵州省 2009~2010 年特大干旱灾害及抗旱工作评价 / 贵州省人民政府防汛抗旱指挥部办公室,贵州省水利科学研究院编著. —郑州:黄河水利出版社,2012.5
ISBN 978 - 7 - 5509 - 0245 - 9

Ⅰ.①贵… Ⅱ.①贵…②贵… Ⅲ.①干旱 - 研究 - 贵州省 - 2009~2010②抗旱 - 工作 - 评价 - 贵州省 - 2009~2010
Ⅳ.①P426.616②S423

中国版本图书馆 CIP 数据核字(2012)第 085058 号

出 版 社:黄河水利出版社
　　　　地址:河南省郑州市顺河路黄委会综合楼 14 层　邮政编码:450003
发行单位:黄河水利出版社
　　　　发行部电话:0371 - 66026940、66020550、66028024、66022620(传真)
　　　　E-mail:hhslcbs@ 126. com
承印单位:河南省瑞光印务股份有限公司
开本:787 mm×1 092 mm　1/16
印张:9.5
字数:118 千字　　　　　　　　　　　印数:1—1 000
版次:2012 年 5 月第 1 版　　　　　　印次:2012 年 5 月第 1 次印刷

定价:56. 00 元

编 辑 委 员 会

前　言

2009 年 7 月至 2010 年 4 月,贵州省遭遇了有气象记录以来时间最长、范围最广、损失最大的干旱灾害,给全省经济社会发展和人民生产生活造成了严重影响。全省 88 个县(市、区)有 85 个县(市、区)不同程度受灾,受灾总人口为 1 991.52 万人,有 19 个县(市、区)543 个乡(镇)政府所在地一度出现供水紧张局面,全省有 695.22 万人、503.36 万头大牲畜发生了临时饮水困难,农作物受旱面积 156.831 万 hm², 其中成灾 112.003 万 hm², 绝收 51.863 万 hm², 旱灾还对工业生产、水力发电、交通运输业、服务业、森林防火以及生态环境等造成严重影响,因灾造成直接经济损失 139.99 亿元。

灾情发生后,党中央、国务院十分关心,胡锦涛总书记、温家宝总理先后作出重要批示。2010 年 4 月 3 日至 5 日,中共中央政治局常委、国务院总理温家宝亲临旱灾最严重的黔西南苗族布依族自治州视察抗旱救灾工作。国家防汛抗旱总指挥部、水利部、财政部、长江防汛抗旱总指挥部、珠江防汛抗旱总指挥部等有关部委多次派工作组赴贵州省指导工作,并在资金安排、设备调拨、政策指导等方面给予了大力支持和帮助。贵州省委、省政府高度重视此次旱情,多次召开专题会议,研究部署抗旱救灾工作,及时下发有关文件,明确抗旱救灾的任务要求;省委、省政府主要领导多次带领有关部门赶赴重灾地区,研究解决抗旱救灾中遇到的棘手问题。各级党委、政府坚决贯彻党中央、国务院领导的重要指示和省委、省政府的决策部署,坚定不移地把打赢抗旱救灾这场硬仗作为中心任务,紧紧围绕"保饮水、保春耕、保民生、防森林火灾"的工作目标,大力发扬"不怕困难、艰苦奋斗、攻坚克难、永不退缩"的贵州精神,全力开展抗旱救灾工作。通过广大干部群众和人民解放军指战员、武警和公安消防官兵的共同努力,抗旱救灾取得了重大胜利。

为科学、客观地分析评价全省旱情灾情及抗旱救灾工作情况,认真总结抗旱救灾经验教训,贵州省人民政府防汛抗旱指挥部于2010年5月委托贵州省水利科学研究院承担《贵州省2009~2010年特大干旱灾害及抗旱工作评价》具体评估工作。2010年7月完成《贵州省2009~2010年特大干旱灾害及抗旱工作评价工作大纲》,并于2010年7月23日通过贵州省水利厅组织的专家审查。2011年7月完成《贵州省2009~2010年特大干旱灾害及抗旱工作评价》(送审稿),并于2011年7月28日通过贵州省水利厅组织的专家审查。本书包括旱区基本情况、旱情旱灾及影响、旱情等级评估、抗旱工作评估及评价结论等内容。其中,旱区基本情况从自然地理、水文气象和社会经济情况、水资源开发利用和干旱灾害情况进行了说明;旱情旱灾及影响主要基于各部门统计数据介绍了旱期各地旱情旱灾概况;旱情等级评估分别对旱期总时段、最不利时段、大季生长期以及小季生长期省内旱情分布情况进行了分析计算,同时对人饮困难等级进行了计算,并绘制了相应时段的旱情等级分布图;抗旱工作评估分抗旱工程措施和非工程措施两个层面进行,同时对抗旱效益进行了定量和定性计算,其中重点对水利工程抗旱效益分阶段进行了定量分析;评价结论基于前述分析成果,找出贵州防旱抗旱工作中存在的问题,并针对这一系列问题提出了相应的意见和建议。本书的出版,以期对今后应对类似干旱灾害和水利工程规划建设能起到一定的参考与借鉴作用。

本书由王玉萍、杨静担任主编,由王群、商崇菊担任副主编,郝志斌、田汉、王丽璇、刘开丰、王鹏、代彬彬、朱晓萌等参加编写。

在开展评价工作过程中,得到了贵州省水利厅、贵州省水文水资源局、贵州省人民政府防汛抗旱指挥部办公室、贵州省气象台及相关市(州)人民政府防汛抗旱指挥部办公室等单位的大力支持和帮助,在此谨致衷心的感谢!

限于编者水平,书中内容在广度及深度方面难免有所偏颇和局限,敬请各位读者批评指正,以便今后进一步修改、完善。

编著者
2012 年 2 月

目　录

前　言

1　旱区基本情况 …………………………………………（1）

　1.1　自然地理 ……………………………………………（1）

　1.2　水文气象 ……………………………………………（2）

　1.3　社会经济情况 ………………………………………（2）

　1.4　水资源开发利用情况 ………………………………（3）

　1.5　干旱灾害情况 ………………………………………（4）

2　旱情旱灾及影响 ………………………………………（10）

　2.1　旱情发展过程 ………………………………………（10）

　2.2　旱灾成因 ……………………………………………（13）

　2.3　主要特点 ……………………………………………（19）

　2.4　旱灾影响 ……………………………………………（22）

3　旱情等级评估 …………………………………………（30）

　3.1　旱情等级评估 ………………………………………（30）

　3.2　旱情频率分析 ………………………………………（66）

　3.3　小　结 ………………………………………………（67）

4　抗旱工作评估 …………………………………………（69）

　4.1　工程措施评价 ………………………………………（69）

　4.2　非工程措施评价 ……………………………………（71）

　4.3　灾后恢复重建 ………………………………………（82）

　4.4　抗旱减灾效益分析评估 ……………………………（83）

5　评价结论 ………………………………………………（90）

　5.1　存在问题 ……………………………………………（90）

5.2 措施与建议 ……………………………………… （93）

附录1 抗旱救灾典型事例 ……………………………… （97）

附录2 抗旱救灾大事记………………………………… （111）

附录3 抗旱救灾图集…………………………………… （121）

1 旱区基本情况

由于 2009～2010 年干旱持续时间长、范围广,整个干旱过程涉及贵州省 85 个县(市、区),几乎涵盖了全省范围,因此旱区情况采用全省概况进行描述。

1.1 自然地理

贵州省简称黔或贵,是一个山川秀丽、气候宜人、资源富集、民族众多的内陆山地省份。位于我国西南部,介于东经103°36′～109°35′、北纬24°37′～29°13′,是隆起于四川盆地和广西、湖南丘陵之间的一个亚热带岩溶山区。东接湖南,南邻广西,西靠云南,北连四川、重庆。东西长 595 km,南北宽 509 km,贵州省土地总面积 17.62 万 km²,占全国土地总面积的 1.84%。

贵州省地处云贵高原东侧的阶梯状大斜坡地带,地貌类型复杂,境内地势西部最高,中部稍低,自西向北、东、南三面倾斜,平均海拔 1 100 m 左右。境内地貌特征之一是高原山地居多,是全国唯一一个没有平原支撑的省份,素有"八山一水一分田"之说,形成了以山地为主,丘陵、峡谷与盆地交错分布的较为复杂的地形,其中山地和丘陵面积 16.29 万 km²,占全省土地总面积的 92.45%。贵州省是世界岩溶地貌发育最典型的地区之一,境内岩溶广布,形态、类型齐全,地域分异明显,构成一种特殊而且脆弱的岩溶生态系统,喀斯特面积占全省土地总面积的 73%。

1.2　水文气象

　　贵州省属亚热带湿润季风气候区,冬无严寒,夏无酷暑,气候宜人。多年平均气温为 14~16 ℃,多年平均降水量为 1 179 mm。境内河流多为中小型,河网密度大,水域面积小,流域面积大于 20 km² 的有 984 条,其中大于 10 000 km² 的有赤水河、乌江、六冲河、清水江、北盘江、南盘江、都柳江 7 条。

　　境内河流均属于山区雨源型河流,由天然降水补给河川径流,分属长江、珠江两大流域,以省中部的苗岭山脉为分水岭,以北属长江流域,以南属珠江流域,长江流域面积 11.57 万 km²,占全省国土总面积的 65.7%;珠江流域面积 6.04 万 km²,占全省国土总面积的 34.3%。全省多年平均河川径流量为 1 062 亿 m³,居全国第九位,约占全国河川径流总量的 3.9%。径流的年内分配极不均匀,与降雨大致相同,枯水期出现在 11 月至次年 4 月;丰水期出现在 5~10 月,丰水期水量占全年总水量的 75%~80%。

1.3　社会经济情况

　　贵州省辖贵阳、六盘水、遵义、安顺 4 个地级市,黔东南、黔南、黔西南 3 个自治州,毕节、铜仁两个地区。截至 2009 年年末,全省总人口为 3 798.00 万人,其中,城镇人口为 1 135.22 万人,乡村人口为 2 662.78 万人,全省城镇化率为 29.89%,年度人口自然增长率为 6.96‰。

　　2009 年年末,全省常用耕地面积 175.782 万 hm²。其中,水田面积 75.348 万 hm²,占全省常用耕地面积的 42.86%;有效灌溉面积达到 108.741 万 hm²,占全省常用耕地面积的 61.86%;旱涝保收面积 63.373 万 hm²,占全省常用耕地面积的 36.05%,占有效灌溉面积的 58.28%。

2009 年,全省地方生产总值为 3 912.68 亿元。其中,第一产业 550.27 亿元,第二产业 1 476.62 亿元,第三产业 1 885.79 亿元。全部工业增加值 1 252.67 亿元,其中规模以上工业增加值 1 170.29 亿元。全省人均生产总值为 10 309 元。与国内其他省(市、区)相比,经济实力十分薄弱。

1.4 水资源开发利用情况

贵州全省多年平均水资源量为 1 061.58 亿 m^3,其中 2009 年为 910.46 亿 m^3。水资源总量丰富,但由于山高坡陡、河流比降大等,水资源开发利用程度不高,用水成本高,工程性缺水严重。全省多年平均人均水资源占有量为 2 826 m^3,其中 2009 年为 2 226 m^3,而人均供水量仅为 264.30 m^3。2009 年,全省平均水资源利用率为 9.5%,远低于全国平均水资源开发利用水平。

水利工程建设方面,截至"十一五"末期,全省共建成各类水利工程 4.56 万处,其中:小(2)型以上水利工程 1 896 处、山塘 16 087处,另外还建成了大批雨水集蓄利用工程,库、塘有效库容 19.91 亿 m^3,有效灌溉面积 119.533 万 hm^2。

根据《贵州省水资源公报(2009 年)》统计,全省现状总供水量为100.38 亿 m^3(含人工运载水量),其中蓄、引、提、人工运载、地下水、其他水源供水量分别为 36.22 亿 m^3、32.25 亿 m^3、15.60 亿 m^3、9.11 亿 m^3、6.98 亿 m^3、0.22 亿 m^3,分别占总供水量的 36.08%、32.13%、15.54%、9.08%、6.95%、0.22%。现状总用水量为 100.38 亿 m^3,其中农业、工业、城镇生活、农村生活及生态用水量分别为 53.43 亿 m^3、34.15 亿 m^3、6.38 亿 m^3、5.87 亿 m^3 和 0.55 亿 m^3,分别占总用水量的 53.23%、34.02%、6.35%、5.85%、0.55%。现有水利工程供水量为 92 亿 m^3(不含人工运载

水量),人均供水量为 242 m^3。

1.5　干旱灾害情况

贵州省属于典型的季风气候脆弱区,不仅干、雨季分明,而且由于季风的变化造成降水的时空分布不均,季节性干旱突发。加之境内地形起伏大、岩溶地貌发育强烈、土层浅薄、水渗透强、保水性差,使干旱灾害更为严重。

1.5.1　干旱分布情况及特点

干旱灾害是贵州省最主要的气象灾害,公元前 27 年就有旱灾记载。贵州省干旱可以分为春旱、夏旱、秋旱、冬旱及冬春旱、春夏旱等多种类型。根据新中国成立以来的统计资料,1950～2008 年的共计 59 年中,年年均有旱灾,其中,受旱面积大于 40 万 hm^2 的年份有:1959～1963 年、1966 年、1972 年、1975 年、1978 年、1981 年、1985～1990 年、1991～1993 年、1995 年、1999 年、2001～2003 年、2005～2006 年、2009 年。史料表明,夏旱是贵州危害最大的干旱类型,其次是春旱和秋旱。贵州省易旱季节分布如图 1-1 所示。

从图 1-1 可以看出,贵州省内旱情发生季节总体呈现南北贯穿特点,且区域性和插花型特点突出。干旱灾害的季节区域性分布特征是西部地区的赤水、威宁、纳雍、六盘水全部以及黔西南的晴隆、普安等地以春旱为主;中部地区的贵阳和安顺及遵义大部地区处在春夏连季旱易发区,该区域内夏旱和春旱均易发生;铜仁地区全部、黔南大部、黔东南全部易旱的季节为夏(伏)旱。此外,易旱季节的插花型分布特点以冬旱插花型分布最明显,如毕节市、赫章县以及黔西南的贞丰、望谟等地。

贵州省旱灾易发地区分布见图 1-2。从图 1-2 可以看出,贵州省内各地、市、州几乎没有无旱区,其中贵阳市供水保证率相对比

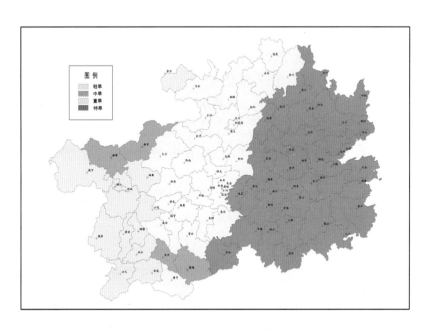

图 1-1　贵州省易旱季节分布

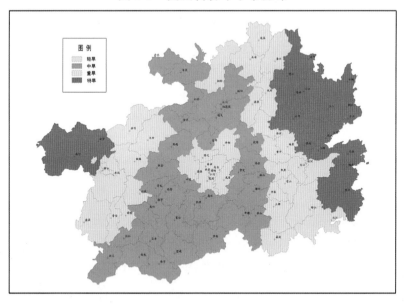

图 1-2　贵州省旱灾易发地区分布

较高,为中旱低发区,而六盘水、黔东南州、安顺市大部分地区或局部地区为重旱低发区,毕节中部、遵义大部和黔西南州均为中旱区,而铜仁地区大部为重旱高发区。

结合图1-1和图1-2可知,贵州省内旱灾时空分布呈现区域性与插花型等分布特点。历年的抗旱效益资料分析表明,抗旱投入资金的多少对于减少旱灾损失具有重要作用,说明贵州省旱灾还存在相对可控性的特点。

1.5.2 旱灾对社会经济的影响

旱灾除对贵州省农业造成较大经济损失外,还对城乡居民生活、农业生产、工业、服务业、生态环境等造成严重影响。大旱可在全省2/3或更大范围同时出现,造成溪流断流、泉井枯竭、人畜饮水困难。历史资料分析表明,由于夏季是贵州省主要农作物的需水高峰期,旱灾出现频繁且范围广泛,严重影响贵州省内主要粮食作物(如水稻、玉米、烤烟)的生长和产量,是危害贵州省农业生产的最大的旱灾。春旱影响越冬作物返青、生长、发育和秋粮播种、出苗。从地区分布看,全省春旱自东向西逐渐加重,毕节地区、六盘水和黔西南地区较为常见。冬春旱主要影响越冬作物播种出苗和来年春耕生产,以毕节地区的毕节市、赫章县以及黔西南的贞丰、望谟等地最为严重。

(1)因旱农作物面积演变过程。分析贵州省近60年来的农作物播种面积、受旱面积、受灾面积、成灾面积数量的时序演变可知,农作物播种面积总体呈增长趋势,其中有局部波动,但20世纪80年代前波动较大,1983年至2002年持续增长,随后局部波动。旱灾的受旱面积、受灾面积、成灾面积的时序演变(见图1-3),从总体上看呈增长—递减—增长的态势,且年年有旱。全省旱灾受旱面积、受灾面积和成灾面积在历年波动变化过程中,均出现较明显的高峰期和低谷期。如1958～1963年、1966年、1972年、1975

年、1978年、1981年、1985~1990年、1992年、1995年、2001年、2003年、2006年,这些年份受旱面积大,受灾程度重。从整体上看,1981年以来,受旱面积、受灾面积较20世纪50~70年代有加重趋势,而同期成灾面积则基本持平;受旱面积、成灾面积波动幅度远大于20世纪50~70年代。1989~2008年,旱灾所造成的农作物绝收面积呈现减少趋势且其变化幅度较为平稳。受旱面积愈大,受灾面积、成灾面积数量差距愈大;受旱面积越小,前述几个指标变幅愈趋均匀。

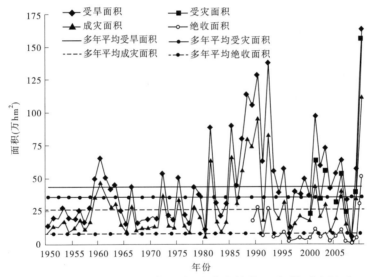

图1-3　新中国成立以来因旱影响农作物面积的时序演变

（2）干旱灾害年减产粮食数量的演变趋势。据统计资料,1950~2009年贵州全省因旱减产粮食量总计为2 196.52万t,占同期全省粮食总产量的5.3%。从整体上看,近60年来全省因旱减产粮食数量呈现大幅波动趋势,且具有阶段性的高峰期和低谷期(见图1-4)。

从图1-4可以看出,贵州省粮食产量总体呈增长趋势,其中20世纪90年代为相对持续增长期。当遇到极严重干旱年或连续干

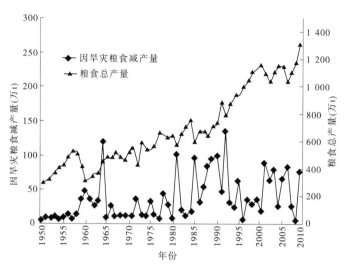

图 1-4　1950～2009 年因旱灾粮食减产量的变化趋势

旱年,粮食产量出现大幅度下降,且在 20 世纪 80 年代到 90 年代初期波动较为剧烈。1959～1963 年的连年旱期间,全省粮食总产量由 1957 年的 535.6 万 t 持续减少至 1960 年的 316.15 万 t,降幅达 40.97%;1992 年是全省近 60 年来因旱粮食减产量最多的年份,旱灾粮食减产达 136.7 万 t,占当年粮食总产量的 17.33%。从因旱粮食减产率(旱灾造成的粮食减产量占粮食总产量的比例)来看,1964 年最大,当年因旱粮食减产率达 21.71%;最小的则是 2008 年,减产率仅为 0.1%。

分析不同年代的旱灾减产粮食数量的变化情况(见表 1-1)可见,贵州省因旱粮食减产量在 20 世纪 80 年代呈急剧增长态势。20 世纪 50 年代年均因旱减产 12.06 万 t,60 年代减产则剧增至 32.33 万 t,60 年代是 50 年代的 2.68 倍;70 年代略微下降,但单位粮食作物播种面积年均因旱减产量仍比 50 年代高出近 1 个百分点;80 年代初至 2009 年,因旱粮食减产幅度大幅增加,尤其是 2000 年以后的年均因旱粮食减产量及减产率均较 20 世纪 80 年代之前有大幅增加。可见,旱灾对全省社会经济影响呈越发严重态势。

表 1-1　全省新中国成立以来因旱灾粮食减产损失统计

年份	年均粮食作物播种面积（万 hm²）	年均粮食产量(万 t)	年均因旱粮食减产量（万 t）	旱灾粮食减产量占同期粮食产量的比例(%)	单位粮食作物播种面积年均因旱减产量（t/hm²）
1950~1959	218.381	415.050	12.06	2.91	0.06
1960~1969	239.727	426.435	32.33	7.58	0.13
1970~1979	253.899	568.625	20.66	3.63	0.08
1980~1989	232.461	661.490	51.22	7.74	0.22
1990~1999	282.711	940.620	50.23	5.34	0.18
2000~2009	300.402	1 132.790	53.15	4.69	0.18
多年平均	254.597	690.830	36.61	5.30	0.14

随着全球气候的急剧变化,贵州省经济发展和人口增加,水资源短缺日趋严重,将可能导致干旱地区的扩大和干旱程度的频繁与加重,干旱及旱灾已成为影响贵州省经济健康发展的重要因素。

2 旱情旱灾及影响

2.1 旱情发展过程

2009 年 7 月至 2010 年 4 月,贵州大部分地区降水持续大幅偏少、气温偏高,出现历史罕见的夏、秋连旱叠加冬、春连旱。4 月 30 日后,贵州省各地先后迎来较强降水过程,省内各江河来水和库(塘)蓄水得到不同程度的补充,土壤墒情明显改善,除省西南部、西部个别县(市)外,全省旱情基本解除。5 月 14 日,省政府应急管理办公室根据全省雨情、水情、旱情、灾情发展变化和有关预案规定,决定终止贵州省自然灾害救助、干旱灾害、气象灾害Ⅱ级响应及森林火灾Ⅱ级预警。本次干旱持续时间之长、涉及范围之广、因旱损失之大、影响程度之深,均为历史罕见。据《中国气象灾害大典——贵州卷》记载和有记录以来的气象资料分析,这次旱灾是贵州省自有气象记录以来最为严重的夏、秋连旱叠加冬、春连旱。

根据气象部门资料显示,全省 88 个县(市、区)中共有 85 个县(市、区)先后出现重度及以上旱情,其中 81 个县(市、区)先后出现特重旱旱情,干旱的范围和强度均突破了贵州省气象历史极值,尤其以贵州西南部最为严重。不同等级干旱灾害所涉县(市、区)个数演变过程见图 2-1。

按照已建 84 个气象站自 2009 年 7 月 1 日至 2010 年 5 月 14 日旱情解除期间的统计数据,特、重旱县数量最大日出现在 2010 年 4 月 7 日,全省特、重旱县(市、区)分别为 26 个和 17 个,见图 2-2;累计特旱县(市、区)最多日出现在 2010 年 4 月 13 日,当日累计重旱以上县(市、区)达 83 个,比例达 94%,其中特旱累计

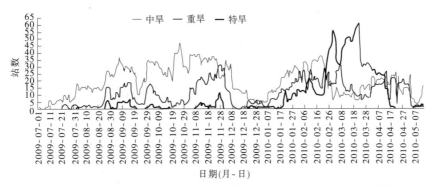

图2-1　2009年7月1日至2010年5月14日贵州省不同等级干旱所涉县(市、区)个数演变过程

达78个县(市、区),见图2-3。直至2010年5月14日终止自然灾害救助、干旱灾害、气象灾害Ⅱ级响应及森林火灾Ⅱ级预警,全省尚有特旱1站(丛江)、重旱3站(榕江、黔西、大方)、中旱17站,见图2-4。

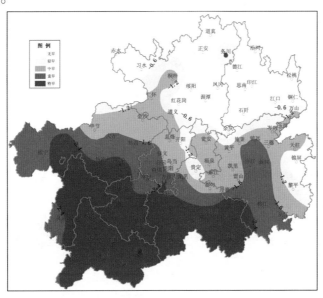

图2-2　贵州省2010年4月7日(日气象旱情最重日)综合气象干旱指数监测

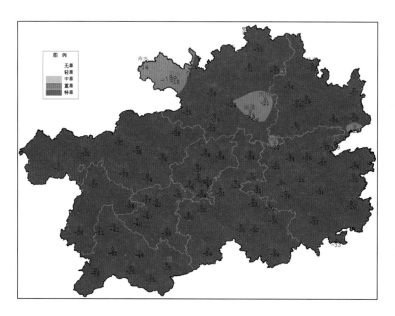

图 2-3　2009 年 7 月 1 日至 2010 年 4 月 13 日综合气象干旱指数累积

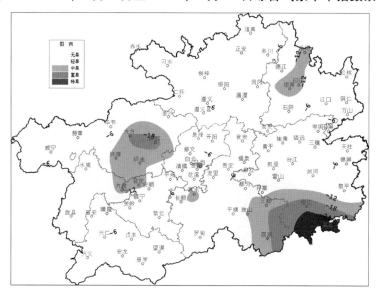

图 2-4　贵州省 2010 年 5 月 14 日综合气象干旱指数监测

2.2 旱灾成因

2.2.1 降水持续偏少

从大气环流形势看,2009年入冬后,南支槽偏弱,来自印度洋的西南暖湿气流比较弱,副热带高压持续偏强偏西,阻断了来自南面海洋的暖湿气流,致使水汽供应不足。同时,北方冷空气虽然强度大,但主体偏北,很少南下,在贵州境内冷暖气流少有交汇,造成降水偏少。根据贵州省已建的84个县(市、区)气象站的监测资料显示,2009年7月至2010年4月底,全省降水较常年大幅减少,其中2009年雨季提前结束,特别是西部地区雨季提前近1个月结束,导致雨季的水分亏缺;其间的27个旬中,有24个旬的降水量较常年偏少,特别是2009年入秋以后,降水量偏少更为明显,全省大部分地区总降水量较历年同期偏少5成以上,黔西南州甚至偏少8成,为有气象观测记录以来的极低值。贵州省的西南部部分乡(镇)连续235天无降水,出现了8个月的持续干旱,具体见图2-5～图2-10。

2.2.2 气温持续偏高

2009年7月至11月末,全省气温持续偏高,与历史同期相比,大部分地区偏高0.5 ℃,中部地区偏高1 ℃;2009年12月至2010年2月,全省气温偏高加剧,全省平均气温为4.4(万山)～13.7 ℃(册亨、望谟),望谟、册亨、罗甸在12 ℃以上,其中望谟、册亨等在2月甚至出现了35 ℃以上的高温天气,盘县、六枝、惠水、三都、剑河一线以南区域以及赤水、沿河、思南、锦屏为8～12 ℃,其余大部分地区在8 ℃以下,与常年同期相比,全省平均气温偏高3.3 ℃,其中西部地区偏高2.0 ℃以上;2010年3～5月,全省平均

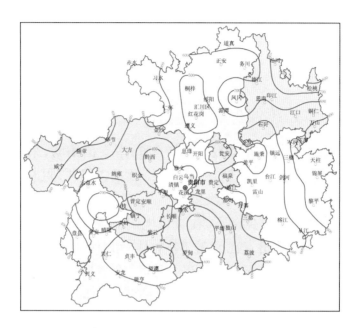

图 2-5　2009 年 7 月 1 日至 2010 年 5 月 14 日降水等值线

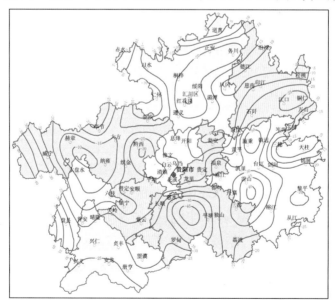

图 2-6　2009 年 7 月 1 日至 2010 年 5 月 14 日降水距平等值线

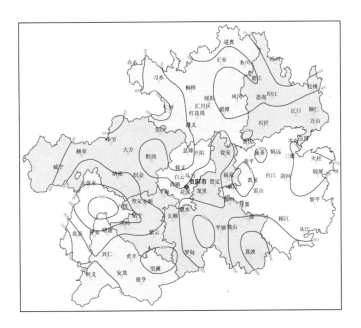

图 2-7　2009 年 7 月上旬至当年大季生长期结束降水等值线

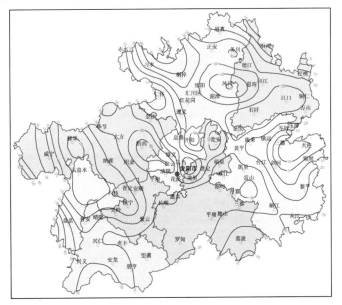

图 2-8　2009 年 7 月上旬至当年大季生长期结束降水距平等值线

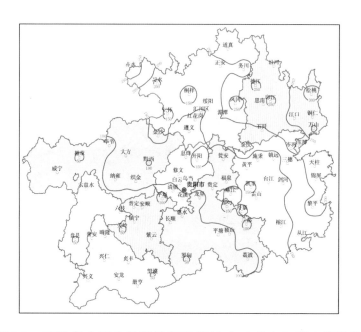

图 2-9　2009 年大季生长期结束至 2010 年 4 月上旬降水等值线

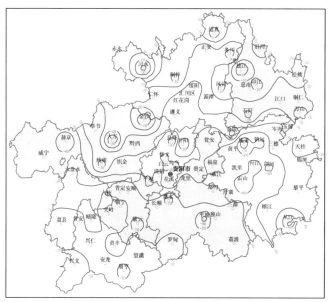

图 2-10　2009 年大季生长期结束至 2010 年 4 月上旬降水距平等值线

气温为12.4（大方）~21.6℃（望谟），黔东南南部、黔南南部、黔西南州、六盘水南部在16℃以上，其余地区为12.4~16.0℃，与常年相比，全省大部分地区正常，其中毕节地区西部及南部、六盘水市南部、安顺市南部、长顺、罗甸偏高0.5℃以上，威宁、盘县、黔西南州大部偏高1.0~2.2℃（盘县）。

2.2.3 蒸发量大

由于气温持续偏高，南风大，加剧了地表蒸发，贵州省的西部和南部地区的地面水汽蒸发量比历史同期偏多2.7~3.0成。根据累计降水量与累计大型蒸发量分析，西部、南部地区相对常年水分亏缺达500 mm以上。

2.2.4 江河来水减少

由于受降水量持续偏少、气温持续偏高和蒸发量持续偏大的影响，贵州省江河来水较历年同期明显减少，工程蓄水量严重不足。根据各河流实测资料，2009年12月1日至2010年4月底，全省河道来水量为82.34亿 m³，比多年同期偏少5成。主要河流平均来水量与多年同期均值比较（见图2-11）：牛栏江流域来水量为1.28亿 m³，偏少近6成；赤水河流域来水量为4.65亿 m³，偏少近5成；松坎河、綦江流域来水量为1.19亿 m³，偏少近4成；乌江思南以上流域来水量为13.46亿 m³，偏少6成多；乌江思南以下流域来水量为8.90亿 m³，偏少近3成；清水江、舞阳河、锦江流域来水量为33.45亿 m³，偏少近3成；松桃河流域来水量为2.86亿 m³，偏少近3成；南盘江流域来水量为2.54亿 m³，偏少近4成；北盘江流域来水量为2.88亿 m³，偏少近8成；红水河流域来水量为5.52亿 m³，偏少近4成；都柳江流域来水量为5.61亿 m³，偏少近7成。2010年4月末，全省水利部门管理的塘库蓄水量6.69亿 m³，为应蓄水量的33.7%，较上年同期少蓄5.02亿 m³，减少

42.9%。全省 17 983 座水库(含山塘)有 12 145 座降低到水库死水位,占全部蓄水工程的 67.5%,有 1 780 座完全干枯,水库蓄水严重不足,部分河流出现干涸(见图 2-12)。

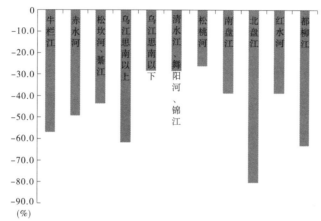

图 2-11　2009 年 12 月 1 日至 2010 年 4 月 5 日河川径流距平

图 2-12　龙里县猴子沟因旱干涸的河流

2.2.5　其他原因

此次旱灾成因还有以下几个方面:一是水利基础建设相对滞

后,水源工程供水保证率低,农业抗旱标准低,抗旱能力明显不足;二是生态环境遭到严重破坏,土壤保墒能力严重下降,加剧了干旱灾害的发展;三是受财力、物力的影响,尤其是农村劳动力外出比例较高,部分贫困地区群众生产生活困难,抗灾救灾的人力、物力投入明显不足;四是受灾较重的西南部农事季节早于其他地区,在田作物以小麦、杂粮、油菜为主,造成农作物受灾面积广、程度重。

主观方面,首先是群众重汛轻旱意识严重,防旱减灾意识普遍偏低,如2009年7月至9月正值水稻灌溉用水高峰期,若群众重视灌溉节水,可为冬春抗旱提供部分水量,从而可减轻干旱灾害造成的损失;其次是旱情旱灾预警预报科技水平和基础理论研究有待提高,新技术推广乏力,现有技术水平未能对可能出现的旱情旱灾作出精确预测;再次是工作制度不健全,抗旱救灾应急响应和处置能力亟待提高,这主要体现在旱情数据报送态度和预案启动等方面;同时,抗旱服务队能力偏弱,这主要体现在本次抗旱救灾阶段的工作的组织、技术成熟程度等方面。

2.3　主要特点

这次干旱是贵州有气象记录以来最为严重的干旱灾害,呈现出旱灾持续时间长、受灾范围广、旱情重、危害大等特点。

2.3.1　旱灾持续时间长

2009年7月初至9月中旬,贵州省部分地区遭受了严重的干旱灾害,给人畜饮水和秋季作物造成了影响。进入冬季后,旱情进一步加剧,黔西南州、六盘水市、毕节地区、安顺市等地大部分县(市、区)降水量较常年同期偏少3~10成。特别是2009年11月至2010年4月期间,毕节地区、六盘水市、黔西南州大部分地区显示降水不足10 mm,较常年同期偏少7成以上。贵州省以西及以南地区、黔东南州西部无降水天数在 150 d 以上,黔西南州、六盘水市南部、黔南州西部、安顺市南部在 200 d 以上,干旱持续时间最长的兴仁县长达 242 d。

2.3.2 受灾范围广,损失严重

根据气象部门通报,旱灾期间,旱情最严重时贵州省有 73 个县(市、区)达到特、重级气象干旱标准。受旱情影响,贵州省除云岩区、南明区、小河区没有上报灾情外,其余 85 个县(市、区)均不同程度受灾,占全省总县(市、区)数量的 96.59%,其中 55 个县(市、区)482 个乡(镇)受灾较为严重(见图 2-13)。全省因灾直接经济损失 139.99 亿元,其中贵阳市 8.61 亿元、毕节地区 27.87 亿元、黔西南州 17.18 亿元、黔南州 17.12 亿元、安顺市 16.93 亿元、黔东南州 15.28 亿元、六盘水市 14.62 亿元、遵义市 12.51 亿元、铜仁地区 9.87 亿元。

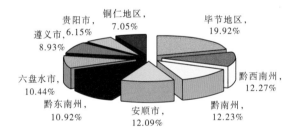

图 2-13 各地因旱经济损失占全省的比例示意图

2.3.3 对农村种植业影响尤为突出

由于旱灾影响,作物长势差,小麦、油菜、蔬菜、水果、茶叶等农作物大幅度减产。

一是夏收粮油严重减产。重旱期间,小麦多数处于分蘖期、拔节期至孕穗期,部分处于抽穗期,作物生长需水量较大,干旱造成长势较弱、分蘖差,提早抽穗不结籽。油菜处于开盘、抽薹期,干旱造成营养生长不足而产生早薹、早花,不结荚或不结籽,严重影响作物产量。二是影响园艺作物生产。干旱造成蔬菜生长迟缓、抗性减弱、产量下降、经济价值降低,部分田块蔬菜干枯死亡,给贵阳等城镇蔬菜市场供应和物价稳定带来一定影响;果树、茶树因缺水长势普遍较差,春茶产量下降,部分新建茶园、果园苗木枯死,对水果、茶叶产业发展造成较大危害。三是影响春播生产进度。受严重干旱的影响,各地春播普遍推迟 5 ~ 7 d。

农作物方面,因旱农作物受旱面积、受灾面积、成灾面积、绝收面积与多年平均相比(见图 1-3),本次因旱农作物受旱面积、受灾面积、成灾面积、绝收面积分别比新中国成立以来多年平均值高出1.92%、4.71%、5.58%、24.71%。从图 2-13 可以看出,本次旱灾中受灾面积接近于受旱面积,占 96.06%,比多年平均值 55.26%高出近 41 个百分点。受灾面积、成灾面积为新中国成立以来最大值,而绝收面积为 1989 年有记录以来最大值,其中成灾面积占受灾面积的 71.42%,比多年平均值高出 8 个百分点;绝收面积占成灾面积的 46.30%,比多年平均值高出 9 个百分点。

2.3.4 农村生活及养殖业影响较大

持续旱情导致大部分蓄水工程蓄水量比常年同期减少50% ~70%,甚至达到死水位;主要河流来水量锐减,溪水断流,大量山塘、井泉干涸,甚至大量溪流断流,导致部分乡(镇)供水形势严峻,农村人畜饮水困难问题突出。

同时,畜牧养殖业发展受到严重影响。由于缺水应急,畜禽抵抗力下降,引起畜禽发病或生产性能下降或死亡,尤其以规模养殖场较为严重。由于畜禽饮水困难、饲草饲料严重不足、养殖成本上升等原因,一些受灾养殖户只好将架子猪等畜禽提前出栏销售贱卖,造成畜禽价格下跌、农户受损。兴义市顶效区牛马市场日增数百头(匹),每头(匹)价格减少 3 000 ~ 4 000 元出售。同样,由于不少河流断流、山塘干涸、泡冬田脱水、水库水位急剧下降,造成不少稻田过冬鱼种、亲鱼严重损失,大量水域无法再从事养殖生产,部分网箱出现缺氧死亡,渔业生产损失严重。

2.3.5 因旱影响行业众多

本次旱灾对贵州省社会经济的影响除农业及农村人畜饮水外,更涉及城镇供水、工业生产、水力发电、交通运输业、服务业、森林防火以及生态环境等。

2.4 旱灾影响

旱灾对贵州省城乡居民生活、农林牧渔、工业、社会治安及生态环境等各行业均产生了不同程度的影响(见表2-1)。全省因旱受灾人口达1 991.52万人,占受灾县农业人口的59.00%,其中高峰时段分别为695.22万人(占因旱受灾人口的35%)和503.36万头大牲畜发生临时饮水困难(2010年4月5日),包括:城镇86.0万人,学校40.4万人,农村568.8万人(山区386.4万人,半山区106.7万人,坝区75.7万人)。农作物受灾面积156.831万 hm²,其中成灾面积112.003万 hm²、绝收51.863万 hm²。

2.4.1 城镇供水影响

持续干旱导致一些城市(乡、镇)供水水源得不到有效补充,可供水量大幅减少,贵阳市、遵义市、黔南州、黔西南州、黔东南州、毕节地区6个地区的20余个县级以上城市城区供水先后出现过紧张,安顺市、六盘水市、铜仁地区等543个乡(镇)政府所在地也先后出现过临时供水紧张局面。截至2010年3月,贵州省供水可维持天数小于30 d的县城有6个,影响人口29.5万人;供水可维持天数在30~60 d的县级城市有12个,影响人口150.3万人。

表 2-1 2009～2010 年贵州省干旱灾情况统计

地区名称	人口受灾情况							农作物受灾情况（万 hm²）			因旱直接经济损失（亿元）		
	数量（万人）	占当地农业人口的比例（%）	因旱临时饮水困难高峰值		需口粮救济人口			受灾面积	成灾面积	绝收面积	农业直接经济损失	其他行业直接经济损失	总经济损失
			人口（万人）	大牲畜（万头）	人数（万人）	占农业人口的比例（%）	其中:低保人口（万人）						
全省合计	1 991.52	59.00	695.22	503.36	473.79	14.04	247.48	156.831	112.003	51.863	95.51	44.48	139.99
贵阳市	95.77	55.51	33.32	21.39	10.08	5.84	2.25	6.832	4.606	1.185	4.81	3.80	8.61
遵义市	301.44	47.96	69.65	70.25	64.63	10.28	35.84	17.881	15.301	3.654	8.15	4.35	12.51
六盘水市	140.73	59.34	111.28	24.79	45.00	18.98	20.18	15.210	11.856	8.089	12.15	2.47	14.62
安顺市	161.77	70.65	73.21	56.00	35.04	15.08	18.31	10.722	9.563	5.889	12.63	4.30	16.93
黔东南州	210.64	54.14	48.57	84.05	59.07	15.18	28.69	15.349	9.705	1.975	9.83	5.45	15.28
黔南州	219.29	64.45	109.11	71.30	53.16	15.62	28.38	20.162	12.568	4.609	11.48	5.64	17.12
黔西南州	170.74	58.12	123.46	79.43	45.42	15.46	23.66	15.322	12.871	9.187	11.85	5.33	17.18
毕节地区	497.65	68.80	91.42	60.48	108.61	15.02	55.94	41.339	26.942	16.559	19.47	8.40	27.87
铜仁地区	193.49	53.45	35.19	35.67	52.79	14.58	34.24	14.015	8.592	0.717	5.13	4.75	9.87

注：表中因旱临时饮水困难高峰值数据为 2010 年 4 月 5 日当日数据。

历史名城遵义南部城区供水水源地的红岩水库、南郊水库蓄水量锐减,南郊水厂自 2010 年 1 月 25 日起实行隔日供水,40 万人的南部城区供水告急,从以农灌为主要任务的水泊渡水库调水到城区才恢复城区南部正常供水;开阳县城的唯一供水水源地——翁井水库干涸,从距离县城 10 km 远的鹿角坝水库调水为翁井水库补水,才实现城区限时分片供水。

2.4.2 农业影响

截至 2010 年 5 月 14 日,贵州省春播农作物 178.102 万 hm²,同比减少 1.15%,其中粮食作物 125.767 万 hm²,同比减少 0.29%。打田 28.480 万 hm²,同比减少 19.26%;栽秧 1.607 万 hm²,同比减少 35.38%。全省因旱成灾面积分别为:小麦 24.018 万 hm²、油菜 25.710 万 hm²、马铃薯 14.873 万 hm²、蔬菜 14.323 万 hm²、杂粮 7.830 万 hm²、其他作物 25.248 万 hm²;绝收面积分别为:小麦 17.627 万 hm²、油菜 13.865 万 hm²、马铃薯 3.277 万 hm²、蔬菜 4.366 万 hm²、杂粮 3.778 万 hm²、其他作物 8.949 万 hm²。果园受灾面积为 9.585 万 hm²,成灾面积为 4.537 万 hm²,绝收面积为 0.993 万 hm²。茶园受灾面积为 8.724 万 hm²,成灾面积为 5.342 万 hm²,绝收面积为 1.644 万 hm²。全省农垦系统农作物受灾面积为 0.116 万 hm²,绝收面积为 0.023 万 hm²;果园受灾面积为 0.037 万 hm²,绝收面积为 0.004 万 hm²;茶园受灾面积为 0.405 万 hm²,绝收面积为 0.008 万 hm²。分品种看,小麦、杂粮、油菜受旱影响较大,而马铃薯受旱影响相对较轻;分地区看,黔西南州、安顺市减产幅度较大,具体见图 2-14、图 2-15。

贵州省 3 059.90 万头(只、羽)畜禽因旱饮水困难,其中牛 210.70 万头,羊 169.70 万只,猪 557.30 万头,禽 2 122.20 万羽;133.30 万头(只、羽)畜禽因旱死亡,其中牛 1.56 万头,羊 16.40 万只,猪 9.46 万头,禽 105.88 万羽。人工草地因旱受灾 26.700

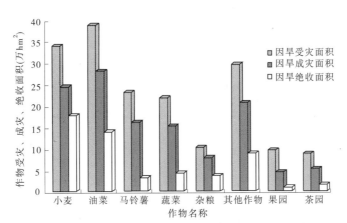

图 2-14　各种作物因旱受灾、成灾、绝收面积示意图

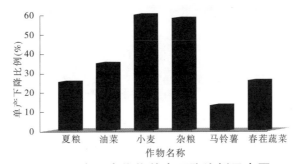

图 2-15　主要农作物单产下降比例示意图

万 hm^2，其中因灾减产牧草 15.947 万 hm^2，需重新补种草地 107.53 万 hm^2。因灾受严重影响的规模养殖场（户、小区）为 12.13 万个，有 944.34 万头（只、羽）畜禽因灾饮水困难，死亡畜禽 39.09 万头（只、羽）。全省渔业受灾面积为 3.778 万 hm^2，其中稻田养鱼 2.755 万 hm^2，池塘养鱼 0.160 万 hm^2，山塘水库养鱼等 0.853 万 hm^2；网箱受灾 0.010 万 hm^2。

干旱影响春季农村其他工作。干旱导致全省 473.79 万农村人口需要国家实施口粮救助，因灾返贫、致贫人口达 53.50 万人，其中 50 个国家扶贫重点开发工作重点县占 70% 以上。此外，由于气候因素制约和劳动力集中抗旱，一些农业建设项目无法及时启动实施,农村沼气项目等建设进度受到影响;农产品加工业因原料供应受到严重影响,产量供不应求。旱灾同时使未来几年贵州省内"三农"工作面临很多挑战。

根据分析,因旱造成农业直接经济损失95.51亿元,占因旱总经济损失的68.23%,其中种植业损失78.20亿元,畜牧业损失15.25亿元,渔业损失1.81亿元,农垦经济损失达0.25亿元。农业因旱直接经济损失比例见图2-16。

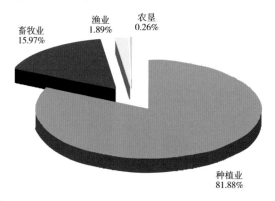

图2-16 农业因旱直接经济损失比例

2.4.3 水力发电影响

根据贵州省电网公司的统计,由于旱情的影响,2009年全年洪家渡以上流域来水量比多年平均来水量偏少43%,猫跳河流域来水量比多年平均来水量偏少71%,三岔河流域来水量比多年平均来水量偏少约30%,年末梯级水电蓄能值为18.2亿kW·h,同比2008年底少52.6亿kW·h。2010年第一季度,境内各流域来水量持续偏少,总体偏少约5成,洪家渡作为龙头水电站水位同比降低32 m,各大水库水位基本降至死水位附近;2月全省水力发电量比2009年同期下降52.7%,最严重时水电基本只能按照自然来水发电,日均可发电量不足0.15亿kW·h,最大出力为150万kW左右。由于水力发电能力严重不足,加之年初火电电煤供应不足和省内发电负荷持续增长的影响,全省电网电力电量供需矛盾十分突出,第一季度电力最大缺口280万kW,日电量最大缺口5 300万kW·h。因旱减少发电量对贵州省城乡居民生活用电、"西电东送"项目等均造成不同程度的影响。同时,因水力发电不足而增加了火电发电量,给节能减排目标的实现增加了更大压力。

2.4.4 交通运输业影响

因旱水上交通运输业损失。持续干旱导致贵州省江河水位下降、滩石凸现、航道变化(见图2-17、图2-18),给航运业带来前所未有的压力和安全威胁。赤水河上游给水不足,水位低于航道设计水位50 cm;乌江思南至沿河段130 km的航道已低于设计水位近1 m,多年不见的江心洲又"露头",可通行船舶吨位由300 t级减至30 t级;南盘江、北盘江、红水河因部分区段径流量大减,只能通行50 t级的船舶,煤炭、化肥等大宗物资输出大幅减少。省内重点交通建设工程中11条高速公路地质钻探工作无法开展,严重影响施工;在建高速公路施工用水十分困难,严重影响施工进度。据不完全统计,旱灾造成交通运输系统经济损失4 260万元,其中交通基础设施损失3 521万元,水运服务业损失607万元,交通运输

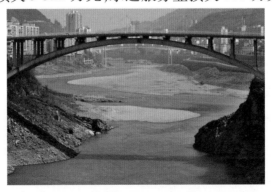

**图2-17　3月17日,乌江受干旱影响水位持续走低,
不少难得一见的河滩都露出水面**

工业损失 132 万元。

图 2-18　曾经水量丰沛、航运繁忙的息烽县流长乡境内的
乌江因旱水位下降、大面积河床裸露

2.4.5　其他影响

森林火灾高发,生态建设受到严重影响。2010 年 1 月到 5 月
14 日,贵州省共发生森林火灾 2 527 起,造成经济损失 1.23 亿元。
全省森林受灾面积 0.9 万 hm²,损失林木蓄积 20.1 万 m³、幼树
1 994 万株;火灾造成 25 人死亡、11 人重伤、15 人轻伤。与 2009
年同期相比,森林火灾次数上升 62.4%,过火面积上升 135%,受
灾面积上升 154%,人员伤亡上升 467%,其中大部分均与历史罕
见的持续高温干旱天气有关。森林火灾次数、过火面积、受灾面
积、伤亡人数均为"九五"以来之最。

持续干旱还对贵州省生态建设及服务业造成巨大影响。由于
上游来水减少,使部分景区、景点投资成本大幅增加,游客数量减
少,导致旅游业相关的旅馆、餐饮等行业收入受到影响。2010 年 4
月初,国家级风景名胜区、享有"亚洲第一大瀑布"、"中华第一瀑"
盛誉的贵州著名景点——黄果树大瀑布,受上游来水锐减影响,干
旱期间景区水流量减少到历史最低值,瀑布水流只有平时的 1/4
左右(见图 2-19)。景区为确保在参观时间内黄果树大瀑布景观

的完整性,启用调节水库调水保证瀑布的形成,即便这样,瀑布流量也明显小于常年同期,对景区旅游收入、人文生态造成重创。

图 2-19 黄果树瀑布百米宽瀑布变成细流

贵州最大天然淡水湖——国家自然保护区威宁草海因旱"缩水"。根据贵州省山地环境气候研究所卫星遥感监测结果,2010年2月草海水体面积为 22.75 km²,比 2009 年(当地降水总体属平水年份)同期减少了 9.1%。此次草海水域急剧减少,自新中国成立以来尚属首次。

经测算,干旱导致贵州省累计直接经济损失 139.99 亿元,其中农业直接经济损失 95.51 亿元,工矿业、基础设施、公益设施、家庭财产损失 44.48 亿元。

3 旱情等级评估

鉴于本次干旱成灾的主要影响是农业生产及农村居民生活，且这两大主体因旱影响资料相对较完善，故本次仅对农业旱情进行评估分析。农业旱情等级评估时，结合贵州省农作物在田时间及本次干旱期间降水情况，按旱情发生至旱情结束（2009 年 7 月上旬至 2010 年 5 月）、旱情发生至大季收割（2009 年 7 月上旬至水稻生长期结束）、小季播种在田需水灌溉期（大季收割至 2010 年 4 月上旬）及降水最不利时段、农业灌溉用水最不利时段五个时间尺度进行，用区域农业旱情资料推求各级行政区农业旱情指数（I_a）确定农业旱情等级；区域因旱饮水困难等级则只以旱情发生期间因旱饮水困难人口最大值为指标进行评估；用农业旱情等级与相应区域内因旱饮水困难等级中旱情等级高者作为该区域内的综合旱情等级。

3.1 旱情等级评估

3.1.1 农业旱情等级评估

根据《旱情等级标准》（SL 424—2008），农业旱情指标包括土壤相对湿度、降水量距平百分率、连续无雨日数、作物缺水率、断水天数。其中，土壤相对湿度、降水量距平百分率、连续无雨日数适用于雨养农业区，而灌溉农业区的水浇地农业旱情等级指标主要有土壤墒情、作物缺水率，灌溉农业区的水田农业旱情指标主要有作物缺水率、断水天数。

为了便于体现贵州省水利供水工程对于补给农业灌溉用水所发挥的灌溉效益,农业旱情评估分为雨养农业旱情评估和灌溉农业旱情评估两个方面,将两种情况下区域农业旱情等级分布进行对比分析,同时绘制以降水量距平或作物缺水率作为旱情等级评估指标的旱情等级分布图。

3.1.1.1 雨养情况下的农业旱情评估

在不考虑水利工程补给灌溉用水的情况下,将农业生产视为雨养农业区,用降雨距平百分率评估农业旱情。

采用降水量距平百分率评估农业旱情时,降水量距平百分率按式(3-1)计算:

$$D_p = \frac{P - \overline{P}}{\overline{P}} \times 100\% \tag{3-1}$$

式中　　D_p——降水量距平百分率(%);

P——计算时段内降水量,mm;

$\overline{P}$——多年同期平均降水量,mm。

降水量距平百分率旱情等级划分见表3-1。

表3-1　降水量距平百分率旱情等级划分　　　　　(%)

旱情等级	降水量距平百分率 D_p		
	月尺度	季尺度	年尺度
轻度干旱	$-60 < D_p \leqslant -40$	$-50 < D_p \leqslant -25$	$-30 < D_p \leqslant -15$
中度干旱	$-80 < D_p \leqslant -60$	$-70 < D_p \leqslant -50$	$-40 < D_p \leqslant -30$
严重干旱	$-95 < D_p \leqslant -80$	$-80 < D_p \leqslant -70$	$-45 < D_p \leqslant -40$
特大干旱	$D_p \leqslant -95$	$D_p \leqslant -80$	$D_p \leqslant -45$

3.1.1.2 水利工程补给灌溉情况下的农业旱情评估

在考虑水利工程补给灌溉用水的情况下,将农业生产视为灌溉农业区,用作物缺水率评估农业旱情。

采用作物缺水率评估农业旱情时,作物缺水率按式(3-2)计算:

$$D_w = \frac{W_r - W}{W_r} \times 100\%\qquad(3-2)$$

式中 D_w——作物缺水率(%);

W_r——计算期内作物实际需水量,m^3;

W——同期可用或实际提供的灌溉水量,m^3。

作物缺水率旱情等级划分见表3-2。

表3-2 作物缺水率旱情等级划分 　　　　(%)

旱情等级	轻度干旱	中度干旱	严重干旱	特大干旱
作物缺水率 D_w	$5 < D_w \leqslant 20$	$20 < D_w \leqslant 35$	$35 < D_w \leqslant 50$	$D_w > 50$

由于贵州省大季在田农作物主要为水稻,且水稻灌溉用水量占总灌溉用水量的绝大部分,故在灌溉农业区农业旱情等级评估时,以水稻灌溉缺水率代表相应区域农作物缺水率。

小季在田作物主要为油菜、小麦和薯类,而灌溉农业区主要种植作物为油菜,故在灌溉农业区农业旱情等级评估时,以油菜灌溉缺水率代表相应区域农作物缺水率。

3.1.1.3 区域农业旱情指标与等级

区域农业旱情评估采用区域农业旱情指数法,区域农业旱情指数按式(3-3)计算:

$$I_a = \sum_{i=1}^{4} A_i B_i\qquad(3-3)$$

式中 I_a——区域农业旱情指数,指数区间为0~4;

i——农作物旱情等级,$i = 1$、2、3、4 依次代表轻、中、严重和特大干旱;

A_i——某一旱情等级农作物面积与耕地总面积之比(%);

B_i——不同旱情等级的权重系数,轻、中、严重和特大干旱的权重系数 B_i 分别赋值为 1、2、3、4。

区域农业旱情等级划分见表 3-3。

表 3-3　区域农业旱情等级划分

行政区级别	不同旱情等级的区域农业旱情指数 I_a			
	轻度干旱	中度干旱	严重干旱	特大干旱
省	$0.1 \leqslant I_a < 0.5$	$0.5 \leqslant I_a < 0.9$	$0.9 \leqslant I_a < 1.5$	$1.5 \leqslant I_a \leqslant 4.0$
市(州、地)	$0.1 \leqslant I_a < 0.6$	$0.6 \leqslant I_a < 1.2$	$1.2 \leqslant I_a < 2.1$	$2.1 \leqslant I_a \leqslant 4.0$
县(市、区)	$0.1 \leqslant I_a < 0.7$	$0.7 \leqslant I_a < 1.2$	$1.2 \leqslant I_a < 2.2$	$2.2 \leqslant I_a \leqslant 4.0$

由于历年农业旱情旱灾统计数据中仅有农作物受旱面积、受灾面积、成灾面积、绝收面积四个面积指标,而轻旱面积、中旱面积、重旱面积和特旱面积指标则相对缺乏,因此在计算时,对历年农作物受旱面积、受灾面积、成灾面积和绝收面积结合实际情况进行了修正,转化为轻旱面积、中旱面积、重旱面积和特旱面积。

1)旱情发生至大季收割农业旱情等级评估

以式(3-1)和表 3-1 为计算方法推求各地 2009 年 7 月上旬至当年水稻生长期结束(计算时段大部分地区为 2009 年 7 月上旬至 2009 年 10 月上旬)的降水量距平百分率(计算结果见表 3-4),然后绘制相应时段以降水量距平为评估指标的雨养条件下农业旱情分布图(见图 3-1)。根据相应时段各地农作物生长需水及降水数据,以式(3-2)和表 3-2 为计算方法推求各地 2009 年 7 月上旬至当年大季生长期结束不考虑水利工程供水灌溉条件下的农作物缺水率(见表 3-4),绘制相应时段以作物缺水率为评估指标的农业旱情分布图(见图 3-2)。根据各地水稻生长期需水及降水、水利工程供水的数据,以式(3-2)和表3-2为计算方法推求计算各地考虑水利工程供水灌溉条件下2009年7月上旬至当年大季生长期结束的农作物缺水率(见表3-4),绘制相应时段以作物缺水率为评估指标的农业旱情分布图(见图3-3)。

表3-4 2009年7月上旬至大季生长期结束旱情等级指标

行政区划名称	降水量距平百分率 D_p(%)	作物缺水率 D_w(%)	
		考虑水利工程灌溉条件下	不考虑水利工程灌溉条件下
全省合计	—	—	—
贵阳市小计	—	—	—
南明区	−41.14	10.28	46.00
云岩区	−41.14	0	46.00
花溪区	−46.18	2.08	46.95
乌当区	−37.32	0	47.69
白云区	−36.50	21.60	63.48
小河区	−41.14	0	46.00
开阳县	−20.73	14.78	55.07
息烽县	−54.25	6.90	34.90
修文县	−38.78	25.50	52.54
清镇市	−54.02	0	38.38
六盘水市小计	—	—	—
钟山区	−61.29	0	0
六枝特区	−72.41	0	0
水城县	−61.29	0	0
盘县	−78.37	0	21.77

行政区划名称	降水量距平百分率 D_p (%)	作物缺水率 D_w (%)	
		考虑水利工程灌溉条件下	不考虑水利工程灌溉条件下
遵义市小计	—	—	—
红花岗区	−38.94	32.85	54.72
汇川区	−38.94	36.40	54.72
遵义县	−38.27	40.29	48.07
桐梓县	−7.04	39.32	55.62
绥阳县	−36.60	35.24	52.19
正安县	−25.82	21.37	53.77
道真县	3.90	15.83	50.95
务川县	−33.38	24.00	49.54
凤冈县	−7.90	0	24.77
湄潭县	−21.05	25.28	44.30
余庆县	−27.61	12.58	66.19
习水县	20.95	3.26	36.27
赤水市	0.33	9	29.67
仁怀市	−27.13	0	17.79
安顺市小计	—	—	—
西秀区	−70.38	3.97	11.77
平坝县	−49.22	0	31.63
普定县	−69.48	0	0
镇宁县	−74.17	0	5.23
关岭县	−79.89	0	15.96
紫云县	−71.41	0	33.20

续表 3-4

行政区划名称	降水量距平百分率 D_p（％）	作物缺水率 D_w（％）	
		考虑水利工程灌溉条件下	不考虑水利工程灌溉条件下
铜仁地区小计	—	—	—
铜仁市	− 29.15	22.76	56.88
江口县	− 29.59	29.48	59.15
玉屏县	− 39.19	0	44.77
石阡县	− 17.93	21.18	61.00
思南县	− 13.03	15.32	38.86
印江县	− 4.92	9.87	33.64
德江县	10.02	17.70	50.68
沿河县	− 21.79	0	0
松桃县	− 12.33	5.69	45.75
万山特区	− 11.10	24.06	56.20
黔西南州小计	—	—	—
兴义市	− 65.39	21.73	28.19
兴仁县	− 74.32	12.86	41.67
普安县	− 74.82	0	4.19
晴隆县	− 64.38	0	11.96
贞丰县	− 67.28	16.54	52.28
望谟县	− 75.61	16.86	54.60
册亨县	− 69.02	15.62	45.33
安龙县	− 75.47	11.69	36.05

行政区划名称	降水量距平百分率 D_p（%）	作物缺水率 D_w（%）	
		考虑水利工程灌溉条件下	不考虑水利工程灌溉条件下
毕节地区小计	—	—	—
毕节市	− 34.43	0	26.14
大方县	− 2.37	14.38	22.27
黔西县	− 38.35	0	65.70
金沙县	− 0.77	0.99	36.97
织金县	− 41.90	0	17.16
纳雍县	− 27.48	0	0
威宁县	− 52.60	0	31.56
赫章县	− 68.04	0	18.36
黔东南州小计	—	—	—
凯里市	− 56.92	0	65.48
黄平县	− 57.63	0	67.63
施秉县	− 76.05	0	29.19
三穗县	− 47.27	0	45.67
镇远县	− 64.81	0	58.38
岑巩县	− 45.63	0	40.68
天柱县	− 33.90	0	33.55
锦屏县	− 46.67	0	37.76
剑河县	− 61.25	7.63	49.28

行政区划名称	降水量距平百分率 D_p（%）	作物缺水率 D_w（%）	
		考虑水利工程灌溉条件下	不考虑水利工程灌溉条件下
台江县	-63.38	9.29	64.19
黎平县	-43.97	9.95	48.86
榕江县	-41.98	0	42.92
从江县	-24.89	10.27	47.25
雷山县	-69.18	5.66	63.99
麻江县	-51.04	10.07	70.35
丹寨县	-52.17	0	57.63
黔南州小计	—	—	—
都匀市	-54.94	8.06	51.33
福泉市	-56.16	18.31	62.38
荔波县	-67.45	0	8.73
贵定县	-40.90	0	26.01
瓮安县	-48.62	0	25.30
独山县	-62.19	0	35.61
平塘县	-81.17	16.16	64.69
罗甸县	-74.95	0	51.50
长顺县	-61.98	12.04	34.07
龙里县	-59.04	0	29.73
惠水县	-74.98	21.05	62.00
三都县	-67.15	0	31.76

注:降水量距平为负值说明降水比常年减少。

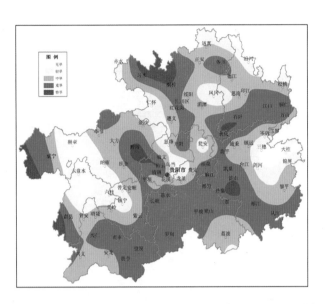

图 3-1　2009 年 7 月上旬至大季生长期结束各地农业旱情分布

（雨养条件下）

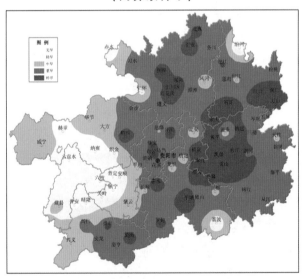

图 3-2　2009 年 7 月上旬至大季生长期结束旱情分布

（不考虑水利工程供水灌溉）

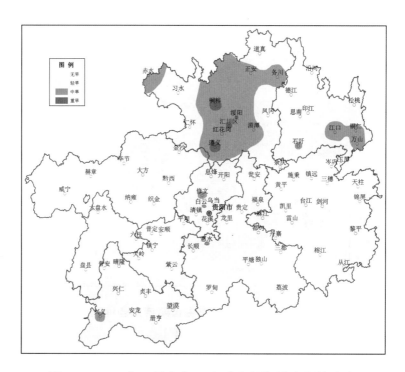

图 3-3　2009 年 7 月上旬至大季生长期结束旱情分布
（考虑水利工程供水灌溉）

2）小季需水灌溉期农业旱情等级评估

以式（3-1）和表 3-1 为计算方法推求各地 2009 年小季播种至旱情结束（计算时段大部分地区为 2009 年 10 月中旬至 2010 年 5 月 13 日）的降水量距平（计算结果见表 3-5），然后绘制相应时段以降水量距平为评估指标的雨养条件下农业旱情分布图（见图 3-4）。根据各地油菜生长期需水及降水的数据，计算各地不考虑水利工程供水灌溉条件下该时段的作物缺水率（见表 3-5），绘制相应时段以作物缺水率为评估指标的农业旱情分布图（见图 3-5）。根据各地油菜生长期需水及降水、水利工程供水的数据，以式（3-2）和表 3-2 为计算方法推求计算各地考虑水利工程供水灌溉条件下该时段的作物缺水率（见表 3-5），绘制相应时段以作物缺水率为评估指标的农业旱情分布图（见图 3-6）。

表 3-5　2009 年大季生长期结束至旱情结束旱情等级指标

行政区划名称	降水量距平百分率 D_p（%）	作物缺水率 D_w（%）	
		考虑水利工程灌溉条件下	不考虑水利工程灌溉条件下
全省合计	—	—	—
贵阳市小计	—	—	—
南明区	−28.73	50.94	84.89
云岩区	−28.73	49.83	84.89
花溪区	−27.42	59.05	78.73
乌当区	−30.34	61.73	88.18
白云区	−24.41	60.76	81.02
小河区	−28.73	50.94	84.89
开阳县	−5.47	58.37	72.96
息烽县	−42.48	65.66	87.54
修文县	−20.57	58.69	78.25
清镇市	−46.85	69.55	92.74
六盘水市小计	—	—	—
钟山区	−54.29	66.40	94.86
六枝特区	−63.60	74.90	91.35
水城县	−54.29	71.14	94.86
盘县	−68.26	74.06	94.95
遵义市小计	—	—	—
红花岗区	−35.84	41.14	84.49
汇川区	−35.84	59.14	84.49

行政区划名称	降水量距平百分率 D_p (%)	作物缺水率 D_w (%)	
		考虑水利工程灌溉条件下	不考虑水利工程灌溉条件下
遵义县	−27. 15	66. 47	80. 08
桐梓县	11. 51	64. 89	80. 11
绥阳县	−33. 57	59. 40	74. 24
正安县	−25. 75	52. 08	66. 77
道真县	15. 06	31. 55	40. 45
务川县	−27. 58	56. 67	72. 65
凤冈县	−14. 05	51. 22	64. 03
湄潭县	−21. 41	58. 59	73. 23
余庆县	−2. 32	39. 23	49. 04
习水县	28. 52	65. 69	81. 10
赤水市	3. 41	52. 47	64. 78
仁怀市	−18. 23	68. 28	84. 30
安顺市小计	—	—	—
西秀区	−56. 72	69. 01	87. 35
平坝县	−42. 68	72. 58	87. 44
普定县	−62. 57	78. 39	94. 45
镇宁县	−57. 52	71. 84	86. 55
关岭县	−65. 10	74. 55	89. 82
紫云县	−58. 02	75. 35	90. 78

行政区划名称	降水量距平百分率 D_p（%）	作物缺水率 D_w（%）	
		考虑水利工程灌溉条件下	不考虑水利工程灌溉条件下
铜仁地区小计	—	—	—
铜仁市	−33.02	39.99	54.78
江口县	−30.37	49.78	56.57
玉屏县	−31.92	48.69	59.38
石阡县	−14.14	49.72	64.58
思南县	−21.31	62.28	71.58
印江县	−13.78	42.91	66.01
德江县	4.53	56.09	60.97
沿河县	−24.58	47.81	59.02
松桃县	−17.65	30.26	39.29
万山特区	−14.11	40.99	51.88
黔西南州小计	—	—	—
兴义市	−42.71	62.79	83.71
兴仁县	−56.71	75.27	86.51
普安县	−63.08	75.34	93.01
晴隆县	−57.47	83.43	97.01
贞丰县	−53.15	65.83	90.18
望谟县	−54.35	71.67	83.34
册亨县	−43.42	61.83	71.07
安龙县	−43.35	62.41	74.30

行政区划名称	降水量距平百分率 D_p（%）	作物缺水率 D_w（%）	
		考虑水利工程灌溉条件下	不考虑水利工程灌溉条件下
毕节地区小计	—	—	—
毕节市	−37.13	65.03	92.90
大方县	0.37	84.20	96.78
黔西县	−38.18	84.38	96.99
金沙县	−7.27	78.24	89.94
织金县	−7.27	83.06	95.47
纳雍县	−20.56	82.42	94.74
威宁县	−47.04	86.21	99.09
赫章县	−60.02	86.29	99.18
黔东南州小计	—	—	—
凯里市	−38.96	37.96	48.05
黄平县	−27.06	31.03	37.39
施秉县	−60.26	45.02	54.25
三穗县	−23.30	42.68	51.42
镇远县	−47.05	55.61	67.00
岑巩县	−34.30	44.94	54.14
天柱县	−21.13	43.36	52.25
锦屏县	−37.79	40.80	49.16
剑河县	−45.93	55.96	67.42
台江县	−42.36	50.06	60.31
黎平县	−27.76	35.18	42.38

行政区划名称	降水量距平百分率 D_p（%）	作物缺水率 D_w（%）	
		考虑水利工程灌溉条件下	不考虑水利工程灌溉条件下
榕江县	−36.56	67.72	81.59
从江县	−26.84	55.27	66.60
雷山县	−57.96	55.28	66.60
麻江县	−38.16	49.10	59.15
丹寨县	−40.31	57.91	69.77
黔南州小计	—	—	—
都匀市	−43.93	45.17	64.53
福泉市	−43.49	61.40	73.97
荔波县	−57.18	67.45	81.26
贵定县	−20.72	53.77	64.78
瓮安县	−18.56	49.02	59.06
独山县	−53.28	64.29	91.84
平塘县	−73.08	77.83	93.77
罗甸县	−53.69	70.12	84.48
长顺县	−51.68	76.36	92.00
龙里县	−39.85	66.11	79.66
惠水县	−69.48	76.24	91.86
三都县	−60.01	76.80	92.52

注:降水量距平为负值说明降水比常年减少。

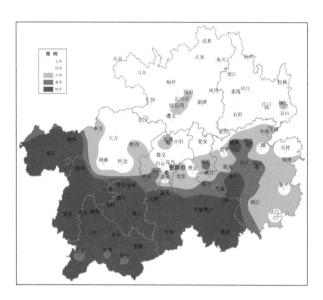

图 3-4　2009 年大季生长期结束至旱情结束
农业旱情分布（雨养条件下）

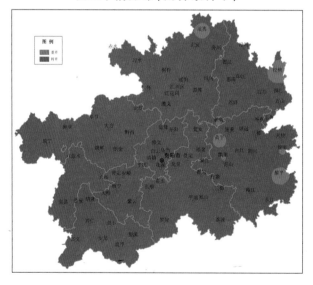

图 3-5　2009 年大季生长期结束至旱情结束
农业旱情分布（不考虑水利工程供水灌溉）

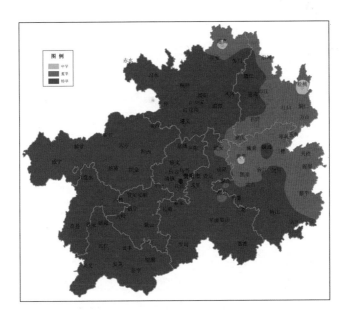

图 3-6　2009 年大季生长期结束至旱情结束

农业旱情分布（考虑水利工程供水灌溉）

3）最不利时段农业旱情评估

（1）降水最不利时段农业旱情等级评估。

根据本次干旱期间降水资料，计算干旱期间月尺度降水量距平和季尺度降水量距平百分率（见表 3-6），并绘制降水最不利时段全省降水量等值线图（见图 3-7）和最不利时段农业旱情分布图（见图 3-8）。

（2）农业灌溉用水最不利时段农业旱情等级评估。

根据旱情发生、发展期间各地农作物生长期需水及降水、水利工程供水的数据，以式（3-2）和表 3-2 为计算方法推求各地旬尺度的作物缺水率，绘制以作物缺水率为评估指标的农业灌溉用水最不利时段农业旱情等级分布图（见图 3-9）。

3.1.1.4　区域农业旱情评估

根据 2009 年 7 月 1 日至 2010 年 5 月 14 日贵州省各地有效降水情况及农作物受旱情况，全省最长连续无有效降水日出现在

表 3-6 2009 年 7 月至 2010 年 4 月各县级行政区月尺度降水量距平与季尺度降水量距平计算

行政区划名称		月尺度降水量距平										月尺度最大距平	月尺度最大距平出现月份
		2009年7月	2009年8月	2009年9月	2009年10月	2009年11月	2009年12月	2010年1月	2010年2月	2010年3月	2010年4月		
贵阳市	南明区	-9.90	-24.78	-65.77	-78.33	-73.39	28.06	-42.29	-49.57	6.02	-4.03	-78.33	2009年10月
	云岩区	-9.90	-24.78	-65.77	-78.33	-73.39	28.06	-42.29	-49.57	6.02	-4.03	-78.33	2009年10月
	花溪区	-9.82	-37.76	-69.99	-51.81	-70.35	13.89	-60.00	-65.98	-63.94	-4.41	-70.35	2009年11月
	乌当区	-9.73	-38.73	-57.50	-68.54	-69.09	23.36	-40.36	-49.40	8.98	-4.10	-69.09	2009年11月
	白云区	-29.91	-53.82	-52.47	-72.47	-64.79	9.94	-54.86	-45.76	26.90	-3.81	-72.47	2009年10月
	小河区	-9.90	-24.78	-65.77	-78.33	-73.39	28.06	-42.29	-49.57	6.02	-4.03	-78.33	2009年10月
	开阳县	-26.81	-48.66	-41.48	-11.75	-51.53	75.26	-42.57	-28.32	12.42	-2.05	-51.53	2009年11月
	息烽县	14.50	-38.32	-42.48	-23.31	-71.16	-3.74	-64.67	-81.34	-57.97	-3.97	-81.34	2010年2月
	修文县	-17.12	-58.83	-51.78	-70.45	-64.12	6.90	-33.24	-51.72	2.36	-4.18	-70.45	2009年10月
	清镇市	-12.58	-69.89	-23.88	-80.13	-69.97	11.62	-64.47	-53.66	-66.41	-4.25	-80.13	2009年10月
六盘水市	钟山区	21.57	2.45	-75.15	-71.79	-85.24	1.31	-41.98	-78.69	-89.88	-4.54	-89.88	2010年3月
	六枝特区	-10.24	13.29	-54.57	-92.04	-88.21	16.89	-87.27	-91.82	-96.81	-4.74	-96.81	2010年3月
	水城县	21.57	2.45	-75.15	-71.79	-85.24	1.31	-41.98	-78.69	-89.88	-4.54	-89.88	2010年3月
	盘县	-32.09	-49.90	-44.92	-97.45	-87.49	-85.98	-93.13	-97.90	-91.10	-2.18	-97.90	2010年2月
遵义市	红花岗区	-67.68	44.70	-64.17	-37.54	-63.64	38.16	-45.14	-68.24	-2.90	-1.40	-68.24	2010年2月
	汇川区	-67.33	21.12	-64.76	-46.77	-64.92	53.24	-57.56	-82.09	35.63	-2.88	-82.09	2010年2月
	遵义县	-67.68	44.70	-64.17	-37.54	-63.64	38.16	-45.14	-68.24	-2.90	-1.40	-68.24	2010年2月
	桐梓县	-71.25	-4.96	-65.26	-70.09	-68.61	100.29	-44.47	-93.04	63.83	2.34	-93.04	2010年2月
	绥阳县	-53.74	30.40	-67.47	-39.57	-71.51	7.99	-61.54	-83.79	49.25	-1.21	-83.79	2010年2月
	正安县	-41.88	-21.31	-37.69	-58.37	-37.25	10.54	-68.29	-100.00	73.19	0.50	-100.00	2010年2月
	道真县	-66.70	-6.69	32.46	-34.73	-25.42	6.27	-74.96	-98.97	144.53	7.31	-98.97	2010年2月
	务川县	-42.63	-26.35	-54.55	-51.52	-53.35	18.31	-61.73	-95.91	-3.07	2.54	-95.91	2010年2月

续表 3-6

行政区划名称	季尺度降水量距平								季尺度最大距平	季尺度最大距平出现月份
	2009年7月至9月	2009年8月至10月	2009年9月至11月	2009年10月至12月	2009年11月至2010年1月	2009年12月至2010年2月	2010年1月至3月	2010年2月至4月		
贵阳市 南明区	-29.35	-40.70	-56.19	-38.98	-45.38	-21.00	-21.51	-34.24	-56.19	2009年9月至11月
云岩区	-29.35	-40.70	-56.19	-38.98	-45.38	-21.00	-21.51	-34.24	-56.19	2009年9月至11月
花溪区	-34.77	-41.59	-48.66	-23.36	-50.30	-37.08	-63.45	-70.18	-70.18	2010年2月至2010年4月
乌当区	-31.83	-41.72	-48.03	-32.26	-43.48	-21.89	-19.56	-33.36	-48.03	2009年9月至11月
白云区	-43.78	-47.51	-46.20	-34.84	-46.85	-29.97	-13.97	-23.12	-47.51	2009年8月至10月
小河区	-29.35	-40.70	-56.19	-38.98	-45.38	-21.00	-21.51	-34.24	-56.19	2009年9月至11月
开阳县	-38.07	-38.27	-34.92	-17.54	-19.61	-0.31	-14.75	-12.18	-38.27	2009年8月至10月
息烽县	-17.89	-37.88	-43.97	-39.74	-53.73	-50.42	-66.09	-68.38	-68.38	2010年2月至2010年4月
修文县	-40.10	-48.98	-45.05	-33.73	-42.62	-25.88	-21.43	-37.22	-48.98	2009年8月至10月
清镇市	-34.76	-46.71	-35.50	-40.82	-51.49	-35.20	-62.49	-67.25	-67.25	2010年2月至2010年4月
六盘水市 钟山区	-6.23	-28.64	-62.29	-44.35	-56.53	-43.69	-75.39	-84.87	-84.87	2010年2月至2010年4月
六枝特区	-11.68	-21.63	-59.92	-55.48	-64.60	-57.67	-93.06	-92.97	-93.06	2010年1月至2010年3月
水城县	-6.23	-28.64	-62.29	-44.35	-56.53	-43.69	-75.39	-84.87	-84.87	2010年2月至2010年4月
盘县	-41.13	-50.38	-57.03	-70.34	-88.38	-92.89	-93.69	-81.29	-93.69	2010年1月至2010年3月
遵义市 红花岗区	-27.07	-14.22	-56.92	-41.05	-35.02	-25.76	-32.67	-26.90	-56.92	2009年9月至11月
汇川区	-35.42	-26.94	-61.32	-45.09	-35.43	-29.82	-23.14	-20.33	-61.32	2009年9月至11月
遵义县	-27.07	-14.22	-56.92	-41.05	-35.02	-25.76	-32.67	-26.90	-56.92	2009年9月至11月
桐梓县	-46.22	-21.89	-43.07	-3.87	-28.58	-16.52	-9.85	15.80	-46.22	2009年7月至9月
绥阳县	-29.07	-23.58	-60.76	-48.62	-51.45	-48.14	-15.15	-5.51	-60.76	2009年9月至11月
正安县	-34.00	-33.62	-41.02	-36.42	-33.89	-53.64	-13.54	8.10	-53.64	2009年12月至2010年2月
道真县	-21.24	1.04	0.09	-19.90	-30.37	-56.95	16.84	75.49	-56.95	2009年12月至2010年2月
务川县	-40.33	-39.03	-48.71	-36.20	-38.86	-47.52	-44.77	-14.29	-48.71	2009年9月至11月

续表 3-6

月尺度降水量距平

行政区划名称		2009年7月	2009年8月	2009年9月	2009年10月	2009年11月	2009年12月	2010年1月	2010年2月	2010年3月	2010年4月	月尺度最大距平	月尺度最大距平出现月份
遵义市	凤冈县	12.27	-40.81	-5.34	-20.07	11.85	30.34	-65.57	-78.46	81.59	-0.96	-78.46	2010年2月
	湄潭县	-49.70	6.00	-44.91	-20.30	-61.57	57.13	-73.25	-69.27	81.96	-0.72	-73.25	2010年1月
	余庆县	-38.69	-76.82	-11.66	-24.66	-62.63	31.00	-71.67	-63.45	76.24	-2.48	-76.82	2010年3月
	习水县	-39.21	-34.74	-59.85	-65.34	-19.16	103.92	54.30	21.82	65.22	0.86	-65.34	2009年10月
	赤水市	-46.33	59.22	-63.04	-13.76	-2.98	44.86	-15.52	-43.26	20.28	-2.55	-63.04	2009年9月
	仁怀市	22.48	1.54	-51.47	-72.53	-58.96	4.12	-24.52	-83.14	47.08	-1.90	-83.14	2010年2月
安顺市	西秀区	-27.68	1.83	-55.19	-82.29	-84.43	-16.85	-85.43	-86.97	-94.92	-4.50	-94.92	2010年3月
	平坝县	-39.46	-44.57	-16.93	-68.68	-64.69	23.62	-72.02	-69.29	-53.15	-4.55	-72.02	2010年1月
	普定县	-23.62	20.06	-52.44	-86.41	-85.53	-7.00	-81.69	-88.43	-97.45	-4.84	-97.45	2010年3月
	镇宁县	-26.99	49.89	-82.05	-96.37	-79.72	0.13	-92.32	-92.19	-99.70	-4.78	-99.70	2010年3月
	关岭县	-17.82	5.03	-85.97	-102.72	-82.64	-51.45	-89.86	-91.73	-99.44	-4.51	-102.72	2009年10月
	紫云县	5.98	-53.55	-89.49	-73.96	-87.33	-40.64	-89.38	-93.12	-94.99	-4.41	-94.99	2010年3月
铜仁地区	铜仁市	-15.80	-42.33	-90.24	-28.98	-10.74	58.34	-70.50	-78.51	11.20	-1.10	-90.24	2009年9月
	江口县	-19.72	-60.65	-68.60	-21.26	-7.94	77.37	-68.03	-75.41	-10.43	-1.34	-75.41	2010年2月
	玉屏县	40.97	-60.44	-80.86	-10.69	-44.75	57.56	-81.09	-81.36	-29.68	-1.04	-81.36	2010年2月
	石阡县	-56.51	-77.90	4.91	-27.07	-36.64	112.08	-83.15	-63.71	58.17	-1.05	-83.15	2010年1月
	思南县	-66.03	-20.76	28.62	-0.66	12.72	36.17	-77.75	-94.44	29.30	-0.58	-94.44	2010年2月
	印江县	-53.78	-39.38	7.48	-11.10	-9.67	37.22	-78.32	-97.94	58.44	2.92	-97.94	2010年2月
	德江县	-16.97	-37.94	-45.30	2.87	-23.57	14.93	-59.49	-97.64	153.72	2.98	-97.64	2010年2月
	沿河县	19.77	-45.87	1.39	-42.61	-53.42	20.48	-72.82	-99.62	93.60	0.31	-99.62	2010年2月
	松桃县	-54.54	-59.83	81.59	20.71	-19.39	27.97	-73.83	-92.69	52.12	1.65	-92.69	2010年2月
	万山特区	-24.05	-23.31	-81.95	-12.43	9.25	153.75	-61.22	-47.95	-7.15	0.43	-81.95	2009年9月

续表 3-6

行政区划名称		季尺度降水量距平								季尺度最大距平	季尺度最大距平出现月份
		2009年7月至9月	2009年8月至10月	2009年9月至11月	2009年10月至12月	2009年11月至2010年1月	2009年12月至2010年2月	2010年1月至2010年3月	2010年2月至2010年4月		
遵义市	凤冈县	-9.90	-26.82	-11.42	-9.27	-2.75	-40.71	0.58	12.18	-40.71	2009年12月至2010年2月
	湄潭县	-28.84	-19.41	-41.79	-27.70	-36.99	-30.22	-4.19	15.06	-41.79	2009年9月至11月
	余庆县	-45.69	-45.52	-31.09	-33.90	-43.20	-36.18	-4.70	5.36	-45.69	2009年7月至9月
	习水县	-42.39	-34.09	-31.34	13.81	23.65	58.66	50.46	39.28	-42.39	2009年7月至9月
	赤水市	-13.48	10.76	-22.17	18.79	7.24	-2.73	-8.07	-13.73	-22.17	2009年9月至11月
	仁怀市	-4.53	-23.31	-45.82	-33.64	-33.49	-31.55	-6.32	-8.10	-45.82	2009年9月至11月
安顺市	西秀区	-23.35	-25.22	-56.18	-52.47	-69.60	-65.35	-90.26	-89.58	-90.26	2010年1月至2010年3月
	平坝县	-35.36	-30.75	-27.26	-31.07	-47.43	-38.85	-62.41	-67.23	-67.23	2010年2月至2010年4月
	普定县	-16.39	-18.66	-54.30	-51.02	-68.04	-58.75	-90.90	-92.43	-92.43	2010年2月至2010年4月
	镇宁县	-12.08	-13.17	-73.25	-57.53	-64.69	-64.37	-95.66	-94.60	-95.66	2010年1月至2010年3月
	关岭县	-24.69	-37.36	-77.84	-68.10	-77.27	-79.02	-94.83	-93.18	-94.83	2010年1月至2010年3月
	紫云县	-35.70	-60.43	-70.31	-51.08	-77.38	-76.18	-93.12	-91.15	-93.12	2010年1月至2010年3月
铜仁地区	铜仁市	-40.45	-59.80	-56.80	-27.64	-11.99	-38.23	-33.95	-21.49	-59.80	2009年8月至10月
	江口县	-44.42	-59.78	-46.11	-19.81	-5.59	-30.98	-42.75	-32.10	-59.78	2009年8月至10月
	玉屏县	-21.34	-54.72	-49.04	-16.78	-32.28	-46.68	-59.62	-45.81	-59.62	2010年1月至2010年3月
	石阡县	-49.31	-42.08	-20.81	-18.17	-14.27	-14.46	-16.14	4.06	-49.31	2009年7月至9月
	思南县	-27.12	-2.92	9.32	2.77	-3.93	-48.72	-31.62	-14.47	-48.72	2009年12月至2010年2月
	印江县	-33.19	-13.34	1.53	2.37	-15.84	-47.83	-22.39	14.61	-47.83	2009年12月至2010年2月
	德江县	-31.22	-25.45	-18.29	3.39	-23.57	-48.41	25.64	57.57	-48.41	2009年12月至2010年2月
	沿河县	-6.68	-26.76	-21.57	-30.82	-41.14	-51.88	-5.56	16.35	-51.88	2009年12月至2010年2月
	松桃县	-28.94	-9.70	15.06	-7.80	-24.06	-53.13	-19.29	6.18	-53.13	2009年12月至2010年2月
	万山特区	-35.48	-44.15	-41.87	1.44	22.11	2.84	-31.88	-15.07	-44.15	2009年8月至10月

续表 3-6

月尺度降水量距平

行政区划名称		2009年7月	2009年8月	2009年9月	2009年10月	2009年11月	2009年12月	2010年1月	2010年2月	2010年3月	2010年4月	月尺度最大距平	月尺度最大距平出现月份
黔西南州	兴义市	-26.87	-8.29	-72.36	-114.25	-65.25	-35.06	-24.85	-93.77	-99.62	-2.17	-114.25	2009年10月
	兴仁县	-21.78	-32.69	-78.21	-80.21	-74.61	-69.82	-83.73	-94.88	-100.00	-5.04	-100.00	2010年3月
	普安县	-6.93	-7.90	-84.51	-89.65	-73.16	-51.53	-81.23	-95.82	-94.87	-5.41	-95.82	2010年2月
	晴隆县	-31.61	0.41	-77.84	-78.95	-69.16	10.35	-76.17	-92.84	-95.38	-4.58	-95.38	2010年3月
	贞丰县	-13.83	-55.03	-68.99	-79.73	-75.30	-46.45	-24.00	-90.21	-99.67	-5.02	-99.67	2010年3月
	望谟县	-20.86	-74.05	-51.01	-97.47	-74.34	-84.51	-37.38	-95.35	-97.15	-4.67	-97.47	2010年3月
	册亨县	-41.99	-41.30	-33.33	-88.67	-73.01	-81.78	-39.53	-99.15	-74.35	-4.14	-99.15	2010年2月
	安龙县	-14.75	-32.00	-67.79	-96.98	-74.33	-78.30	-54.44	-93.96	-100.00	-3.89	-100.00	2010年3月
毕节地区	毕节市	-56.80	27.52	-72.47	-101.68	-78.89	17.60	-69.68	-22.74	34.90	-3.57	-101.68	2009年10月
	大方县	-70.56	37.40	-67.99	-48.00	-52.51	157.53	-37.00	-3.80	-18.09	-1.43	-70.56	2009年7月
	黔西县	-27.76	-63.92	-81.55	-45.62	-82.65	55.33	-59.07	-67.31	-28.62	-3.97	-82.65	2009年11月
	金沙县	-32.57	3.01	-53.46	-43.91	-60.56	165.99	39.33	-30.73	30.05	-0.47	-60.56	2009年11月
	织金县	-11.19	-22.56	-73.69	-48.41	-71.49	83.44	-46.75	-67.45	-85.14	-4.30	-85.14	2010年3月
	纳雍县	-22.25	15.49	-65.73	-14.59	-70.19	98.23	-12.26	-63.10	-79.07	-3.18	-79.07	2010年3月
	威宁县	-3.39	-42.66	-78.91	-99.60	-76.67	37.66	-81.28	-42.93	-88.49	-4.40	-99.60	2009年10月
	赫章县	-29.33	58.86	-27.35	-63.38	-89.72	-51.13	-87.76	-74.42	-89.14	-5.24	-89.72	2009年11月
黔东南州	凯里市	-0.92	-94.39	-48.84	-45.52	-57.41	12.31	-72.89	-85.20	-39.21	-4.12	-94.39	2009年8月
	黄平县	-19.92	-81.86	1.46	-32.48	-67.69	-32.50	-83.23	-76.07	-30.78	-3.28	-83.23	2010年1月
	施秉县	-9.79	-88.57	32.28	-57.22	-81.16	-58.32	-90.55	-91.73	-62.46	-3.60	-91.73	2010年2月
	三穗县	72.74	-82.83	-5.42	-35.35	-21.49	11.28	-79.18	-86.01	-44.34	-1.50	-86.01	2010年2月
	镇远县	40.08	-73.27	-66.39	-40.15	-74.85	-20.46	-85.19	-87.93	-52.32	-3.02	-87.93	2010年2月
	岑巩县	47.53	-62.27	-68.49	-4.59	-57.35	37.83	-86.79	-91.74	-35.87	-1.07	-91.74	2010年2月

续表 3-6

季尺度降水量距平

行政区划名称		2009年7月至9月	2009年8月至10月	2009年9月至11月	2009年10月至12月	2009年11月至2010年1月	2009年12月至2010年2月	2010年1月至2010年3月	2010年2月至2010年4月	季尺度最大距平	季尺度最大距平出现月份
黔西南州	兴义市	-31.78	-40.92	-67.35	-59.29	-50.38	-56.67	-80.07	-84.99	-84.99	2010年2月至2010年4月
	兴仁县	-37.91	-48.34	-64.90	-54.49	-75.53	-84.02	-94.66	-96.68	-96.68	2010年2月至2010年4月
	普安县	-24.20	-40.33	-70.98	-57.58	-70.10	-78.14	-92.04	-96.23	-96.23	2010年2月至2010年4月
	晴隆县	-30.49	-31.99	-63.36	-42.92	-52.98	-56.77	-90.18	-91.96	-91.96	2010年2月至2010年4月
	贞丰县	-40.30	-56.24	-60.40	-51.71	-57.68	-57.43	-79.34	-94.97	-94.97	2010年2月至2010年4月
	望谟县	-46.07	-63.86	-57.74	-66.38	-68.54	-74.94	-82.86	-93.93	-93.93	2010年2月至2010年4月
	册亨县	-39.86	-40.84	-45.93	-60.44	-67.66	-76.28	-74.11	-82.47	-82.47	2010年2月至2010年4月
	安龙县	-32.37	-48.52	-65.66	-65.37	-70.87	-77.55	-87.65	-91.47	-91.47	2010年2月至2010年4月
毕节地区	毕节市	-30.36	-13.76	-58.17	-34.68	-57.14	-27.71	-11.32	-9.66	-58.17	2009年9月至11月
	大方县	-31.47	2.27	-35.43	20.22	-6.27	33.01	-19.88	-16.63	-35.43	2009年9月至11月
	黔西县	-53.82	-55.37	-54.22	-18.76	-48.43	-23.24	-46.95	-52.83	-55.37	2009年8月至10月
	金沙县	-26.01	-16.54	-36.18	0.08	8.30	58.63	16.25	2.42	-36.18	2009年9月至11月
	织金县	-31.17	-35.44	-49.51	-14.37	-33.43	-9.76	-70.34	-78.81	-78.81	2010年2月至2010年4月
	纳雍县	-18.52	-7.10	-35.27	5.23	-20.05	0.62	-58.74	-69.29	-69.29	2010年2月至2010年4月
	威宁县	-34.87	-50.35	-60.73	-30.64	-54.68	-32.53	-74.26	-74.05	-74.26	2010年1月至2010年3月
	赫章县	1.98	14.76	-37.06	-46.68	-80.70	-71.34	-84.22	-86.24	-86.24	2010年2月至2010年4月
黔东南州	凯里市	-43.84	-71.06	-55.40	-45.89	-45.96	-56.77	-62.71	-62.26	-71.06	2009年8月至10月
	黄平县	-36.38	-48.12	-36.45	-51.27	-64.37	-67.63	-58.95	-52.25	-67.63	2009年12月至2010年2月
	施秉县	-27.37	-50.35	-39.54	-72.34	-78.78	-83.01	-79.15	-73.41	-83.01	2009年12月至2010年2月
	三穗县	1.67	-51.30	-26.97	-28.90	-32.15	-59.48	-66.76	-55.76	-66.76	2010年1月至2010年3月
	镇远县	-22.87	-65.40	-64.03	-55.21	-65.37	-70.21	-72.28	-65.38	-72.28	2010年1月至2010年3月
	岑巩县	-16.35	-50.19	-46.06	-21.75	-44.36	-57.80	-67.02	-52.39	-67.02	2010年1月至2010年3月

续表 3-6

月尺度降水量距平

行政区划名称		2009年7月	2009年8月	2009年9月	2009年10月	2009年11月	2009年12月	2010年1月	2010年2月	2010年3月	2010年4月	月尺度最大距平	月尺度最大距平出现月份
黔东南州	天柱县	77.15	-53.25	-61.13	-28.39	-49.69	36.03	-65.04	-82.82	3.36	0.76	-82.82	2010年2月
	锦屏县	39.07	-53.89	-79.77	-40.87	-68.98	24.58	-68.07	-89.03	-5.30	-1.59	-89.03	2010年2月
	剑河县	25.92	-46.41	-41.58	-43.00	-34.01	-21.39	-86.76	-93.13	-62.25	-3.00	-93.13	2010年2月
	台江县	-18.51	-45.90	-44.90	-37.04	-63.54	-12.01	-82.76	-94.91	-58.81	-2.84	-94.91	2010年2月
	黎平县	-2.39	-26.47	-81.98	-35.77	-53.72	24.51	-17.40	-83.80	-46.29	-1.35	-83.80	2010年2月
	榕江县	16.08	-90.81	-63.94	-50.96	-54.36	1.66	44.40	-89.49	-61.35	-1.94	-90.81	2009年8月
	从江县	-25.25	-50.60	-60.86	-62.13	-61.22	87.28	191.25	-90.19	-89.43	0.15	-90.19	2010年2月
	雷山县	-19.60	-74.75	-73.09	-43.11	-70.96	-35.90	-76.61	-89.36	-65.03	-4.05	-89.36	2010年2月
	麻江县	-28.84	-72.87	-20.91	-23.50	-43.24	10.94	-76.45	-75.69	-41.78	-4.38	-76.45	2010年1月
	丹寨县	-22.30	-86.86	-43.83	-48.01	-52.97	11.74	-42.90	-71.40	-47.49	-2.75	-86.86	2009年8月
黔南州	都匀市	-34.34	-81.86	-8.69	-33.49	-44.41	3.22	-71.61	-72.76	-51.05	-4.56	-81.86	2009年8月
	福泉市	-36.93	-56.99	-34.79	-36.05	-66.18	-11.45	-71.14	-76.53	-43.21	-2.54	-76.53	2010年2月
	荔波县	8.92	-68.69	-2.68	-60.79	-78.43	-50.89	3.81	-97.57	-96.80	-4.20	-97.57	2010年2月
	贵定县	-18.37	-60.06	-17.27	-91.65	-73.53	35.97	-50.78	-48.96	49.02	-4.80	-91.65	2009年10月
	瓮安县	23.98	-40.51	-42.35	-33.66	-67.79	7.31	-50.53	-55.35	-48.34	-2.72	-67.79	2009年11月
	独山县	-6.73	-88.46	-8.21	-59.05	-70.85	-13.12	-55.79	-66.84	-80.07	-3.79	-88.46	2009年8月
	平塘县	-36.59	-36.77	-70.82	-56.85	-78.25	-56.78	-77.35	-89.60	-92.96	-4.77	-92.96	2010年3月
	罗甸县	-24.96	-76.11	-26.36	-103.96	-81.39	-73.01	13.55	-93.58	-100.00	-5.19	-103.96	2009年10月
	长顺县	-42.13	-18.91	-75.21	-79.78	-74.47	-2.68	-62.60	-82.40	-85.93	-3.82	-85.93	2010年2月
	龙里县	2.05	-65.71	-29.99	-92.84	-68.81	2.17	-64.34	-77.32	-49.66	-4.91	-92.84	2009年10月
	惠水县	-24.05	-57.86	-47.40	-29.60	-76.82	-50.08	-90.47	-93.35	-83.16	-5.06	-93.35	2009年10月
	三都县	-7.72	-73.62	-52.56	-69.50	-58.98	1.76	-68.56	-87.52	-85.00	-4.25	-87.52	2010年2月

续表 3-6

行政区划名称		季尺度降水量距平								季尺度最大距平	季尺度最大距平出现月份
		2009年7月至9月	2009年8月至10月	2009年9月至11月	2009年10月至12月	2009年11月至2010年1月	2009年12月至2010年2月	2010年1月至2010年3月	2010年2月至2010年4月		
黔东南州	天柱县	1.17	-51.98	-50.70	-30.80	-34.44	-47.23	-42.05	-24.85	-51.98	2009年8月至10月
	锦屏县	-19.66	-61.25	-67.14	-45.43	-46.72	-53.67	-48.46	-39.20	-67.14	2009年9月至11月
	剑河县	-14.15	-48.47	-45.48	-42.74	-47.83	-73.12	-78.52	-71.70	-78.52	2010年1月至2010年3月
	台江县	-33.82	-47.22	-52.51	-48.33	-57.55	-70.17	-76.60	-70.21	-76.60	2010年1月至2010年3月
	黎平县	-28.61	-48.90	-61.64	-37.77	-23.79	-34.43	-50.75	-55.37	-61.64	2009年9月至11月
	榕江县	-40.32	-72.84	-52.61	-38.42	-11.37	-20.29	-41.75	-63.94	-72.84	2009年8月至10月
	从江县	-41.62	-53.04	-56.86	-36.26	49.76	52.01	-15.03	-67.44	-67.44	2010年2月至2010年4月
	雷山县	-50.61	-68.76	-66.33	-58.08	-64.52	-71.75	-75.83	-75.33	-75.83	2010年1月至2010年3月
	麻江县	-42.18	-47.64	-33.60	-30.77	-41.08	-54.37	-61.67	-61.01	-61.67	2010年1月至2010年3月
	丹寨县	-47.71	-68.36	-54.90	-51.26	-36.60	-38.62	-52.68	-54.82	-68.36	2009年8月至10月
黔南州	都匀市	-44.30	-52.23	-34.70	-41.64	-42.16	-51.89	-62.37	-65.07	-65.07	2010年2月至2010年4月
	福泉市	-42.96	-49.84	-49.97	-51.88	-56.15	-57.05	-59.63	-53.24	-59.63	2010年1月至2010年3月
	荔波县	-23.64	-48.12	-34.72	-57.71	-46.54	-50.33	-70.28	-92.30	-92.30	2010年2月至2010年4月
	贵定县	-32.10	-42.91	-36.76	-46.35	-45.54	-20.91	-3.35	-20.61	-46.35	2009年11月至2010年1月
	瓮安县	-14.79	-41.95	-47.68	-43.70	-45.72	-33.53	-50.83	-50.70	-50.83	2010年1月至2010年3月
	独山县	-39.08	-59.66	-34.99	-49.78	-54.23	-50.47	-69.61	-73.43	-73.43	2010年2月至2010年4月
	平塘县	-43.86	-57.88	-73.92	-73.11	-73.51	-76.30	-87.88	-90.73	-90.73	2010年2月至2010年4月
	罗甸县	-43.18	-58.85	-49.31	-70.96	-58.82	-55.70	-71.93	-96.93	-96.93	2010年2月至2010年4月
	长顺县	-41.22	-40.70	-63.28	-46.45	-55.89	-52.49	-79.47	-81.18	-81.18	2010年2月至2010年4月
	龙里县	-29.01	-49.89	-42.72	-49.25	-52.79	-46.25	-60.90	-69.91	-69.91	2010年2月至2010年4月
	惠水县	-39.91	-51.48	-54.18	-56.74	-75.10	-80.66	-87.85	-88.37	-88.37	2010年2月至2010年4月
	三都县	-41.68	-64.92	-55.70	-50.59	-49.60	-60.10	-81.39	-84.11	-84.11	2010年2月至2010年4月

图 3-7　降水最不利时段全省降水量等值线(2010 年 2 月)

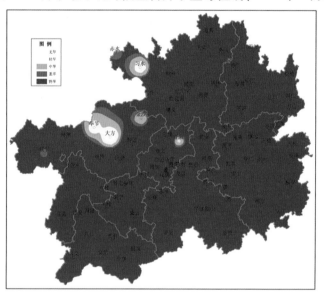

图 3-8　降水最不利时段农业旱情分布

（指标为降水量距平百分率）

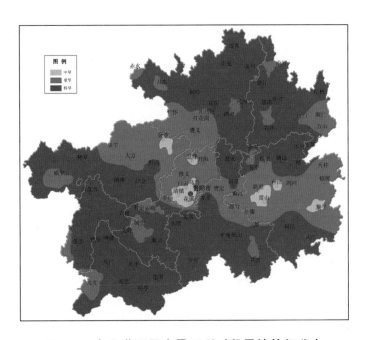

图 3-9　农业灌溉用水最不利时段旱情等级分布

（指标为作物缺水率）

毕节地区的赫章县（203 d），除贵阳市南明区、云岩区外，各县
（市、区）均先后发生不同等级旱情。贵州省农业旱情最严重时段
发生在 2010 年 4 月 10 日，当日全省受旱面积为 163.269 万 hm^2，
其中轻旱面积为 98.496 万 hm^2、重旱面积为 35.210 万 hm^2、特旱
面积为 29.564 万 hm^2（见图 3-10）。用式(3-3)和表 3-3 计算推求
贵州省各地农业旱情指数，见表 3-7。从表 3-7 可见，贵州省 88 个
县（市、区）仅有贵阳市的南明区、云岩区和小河区未发生旱情（$I_a <$
0.1），铜仁地区的沿河县、石阡县发生轻度旱情（$0.1 \leqslant I_a < 0.7$），
其余有 29 个县（市、区）发生中度旱情（$0.7 \leqslant I_a < 1.2$）、30 个县
（市、区）发生严重干旱（$1.2 \leqslant I_a < 2.2$）、25 个县（市、区）发生特大
干旱（$2.2 \leqslant I_a \leqslant 4.0$）。相应时段安顺市、六盘水市、黔西南州、毕
节地区旱情（$2.1 \leqslant I_a \leqslant 4.0$）及全省旱情（$I_a = 1.89$）均达到特大等
级干旱。

表 3-7　贵州省各级行政区 2009～2010 年特大干旱灾害旱情指数统计

| 行政区区划名称 | 旱情最严重时段农业旱情 | | 旱情最严重时段因旱饮水困难情况 | | | 区域综合旱情等级 |
	旱情指数	旱情等级	因旱饮水困难总人口（万人）	因旱饮水困难人口占当地总人口的比例（%）	旱情等级	
全省合计	1.89	特	695.22	19.16	特	特
贵阳市小计	1.26	重	33.32	19.31	中	重
南明区		无			无	无
云岩区		无			无	无
花溪区	1.23	重	3.50	15.03	轻	重
乌当区	0.82	中	1.78	9.09	无	中
白云区	2.05	重	1.11	16.37	轻	重
小河区		无			无	无
开阳县	1.15	中	9.04	24.93	中	中
息烽县	2.08	重	4.21	19.23	轻	重
修文县	1.13	中	4.06	16.05	轻	中
清镇市	1.15	中	9.62	24.39	中	中
六盘水市小计	3.11	特	111.28	46.92	特	特
钟山区	2.21	特	6.59	40.75	特	特
六枝特区	3.27	特	24.10	46.92	特	特
水城县	2.87	特	26.28	34.97	重	特
盘县	3.26	特	54.31	57.49	特	特
遵义市小计	1.43	重	69.65	11.08	轻	重
红花岗区	1.02	中	0.90	4.35	无	中
汇川区	1.84	重	1.76	8.50	无	重
遵义县	1.48	重	9.53	9.05	无	重

| 行政区区划名称 | 旱情最严重时段农业旱情 | | 旱情最严重时段因旱饮水困难情况 | | | 区域综合旱情等级 |
	旱情指数	旱情等级	因旱饮水困难总人口（万人）	因旱饮水困难人口占当地总人口的比例（%）	旱情等级	
桐梓县	1.55	重	9.54	16.08	轻	重
绥阳县	1.35	重	2.56	5.33	无	重
正安县	1.15	中	8.44	14.67	无	中
道真县	1.16	中	4.19	14.02	无	中
务川县	1.32	重	5.97	14.85	无	重
凤冈县	1.23	重	3.80	9.74	无	重
湄潭县	1.31	重	3.62	8.60	无	重
余庆县	1.05	中	1.50	5.78	无	中
习水县	1.82	重	8.39	13.61	无	重
赤水市	1.84	重	1.11	4.87	无	重
仁怀市	1.72	重	8.34	15.04	轻	重
安顺市小计	2.79	特	73.21	31.98	特	特
西秀区	2.35	特	16.83	27.14	中	特
平坝县	2.83	特	12.86	46.36	特	特
普定县	2.98	特	12.29	29.56	中	特
镇宁县	2.45	特	7.64	22.96	中	特
关岭县	3.54	特	11.98	38.40	重	特
紫云县	2.95	特	11.61	35.00	重	特
铜仁地区小计	0.95	中	35.19	9.72	无	中
铜仁市	0.75	中	2.36	9.73	无	中
江口县	0.78	中	2.96	14.69	无	中

行政区区划名称	旱情最严重时段农业旱情		旱情最严重时段因旱饮水困难情况			区域综合旱情等级
	旱情指数	旱情等级	因旱饮水困难总人口（万人）	因旱饮水困难人口占当地总人口的比例（%）	旱情等级	
玉屏县	0.83	中	1.11	9.72	无	中
石阡县	0.69	轻	4.56	12.46	无	轻
思南县	1.51	重	6.53	10.70	无	重
印江县	0.82	中	3.56	9.12	无	中
德江县	1.05	中	4.09	9.06	无	中
沿河县	0.66	轻	3.39	6.11	无	轻
松桃县	0.99	中	6.26	9.73	无	中
万山特区	1.17	中	0.37	8.13	无	中
黔西南州小计	2.99	特	123.46	42.02	特	特
兴义市	2.65	特	14.91	52.62	特	特
兴仁县	3.12	特	25.09	55.22	特	特
普安县	2.66	特	10.36	35.21	重	特
晴隆县	3.72	特	18.93	29.55	中	特
贞丰县	3.45	特	14.67	42.02	特	特
望谟县	2.92	特	14.15	48.94	特	特
册亨县	2.43	特	9.13	42.02	特	特
安龙县	3.11	特	16.22	39.58	重	特
毕节地区小计	2.13	特	91.42	12.64	轻	特
毕节市	2.08	重	11.35	9.35	无	重
大方县	2.40	特	11.19	11.41	无	特
黔西县	1.92	重	10.28	12.64	无	重

行政区区划名称	旱情最严重时段农业旱情		旱情最严重时段因旱饮水困难情况			区域综合旱情等级
	旱情指数	旱情等级	因旱饮水困难总人口（万人）	因旱饮水困难人口占当地总人口的比例（%）	旱情等级	
金沙县	1.67	重	13.16	23.18	中	重
织金县	2.06	重	8.99	9.48	无	重
纳雍县	2.47	特	10.39	12.64	无	特
威宁县	2.02	重	17.51	14.46	无	重
赫章县	2.52	特	8.54	12.65	无	特
黔东南州小计	1.23	重	48.57	12.48	轻	重
凯里市	1.18	中	4.78	15.80	轻	中
黄平县	0.97	中	4.21	12.48	无	中
施秉县	1.15	中	2.79	19.42	轻	中
三穗县	1.18	中	1.02	5.27	无	中
镇远县	1.08	中	2.16	9.76	无	中
岑巩县	1.38	重	1.54	7.56	无	重
天柱县	1.23	重	2.84	9.24	无	重
锦屏县	1.15	中	1.45	7.39	无	中
剑河县	1.07	中	3.86	16.86	轻	中
台江县	1.11	中	1.62	12.43	无	中
黎平县	1.11	中	3.90	8.25	无	中
榕江县	1.37	重	5.93	18.84	轻	重
从江县	1.42	重	4.26	11.67	无	重
雷山县	2.19	重	1.68	12.48	无	重
麻江县	1.16	中	3.41	17.65	轻	中

行政区区划名称	旱情最严重时段农业旱情		旱情最严重时段因旱饮水困难情况			区域综合旱情等级
	旱情指数	旱情等级	因旱饮水困难总人口（万人）	因旱饮水困难人口占当地总人口的比例（%）	旱情等级	
丹寨县	1.38	重	3.12	21.37	中	重
黔南州小计	2.02	重	109.11	32.07	特	特
都匀市	1.93	重	5.93	19.15	轻	重
福泉市	1.67	重	5.77	22.65	中	重
荔波县	1.83	重	4.99	32.07	重	重
贵定县	1.56	重	6.71	27.92	中	重
瓮安县	1.96	重	15.38	37.95	重	重
独山县	2.12	重	8.84	28.81	中	重
平塘县	2.75	特	5.52	23.54	中	特
罗甸县	2.31	特	13.91	45.03	特	特
长顺县	2.30	特	10.30	35.52	重	特
龙里县	1.09	中	5.97	32.07	重	重
惠水县	2.27	特	14.66	37.14	重	特
三都县	2.05	重	11.13	35.22	重	重

注:由于用因旱饮水困难人口总数评判省级旱情为特大干旱,而用因旱饮水困难人口占全省总人口数量的比例评判则为严重干旱,取等级高者作为省级因旱饮水困难等级。

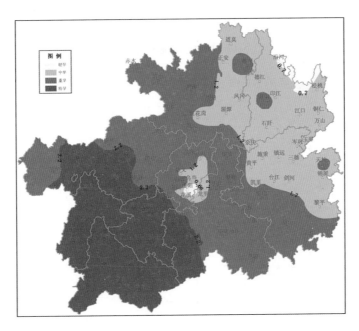

图 3-10　区域农业旱情分布

3.1.2　因旱饮水困难旱情等级评估

因旱饮水困难是指由于干旱造成城乡居民临时性的饮用水困难,属于长期饮水困难的不列入此范围。

因旱饮水困难必须同时满足表 3-8 中条件一和条件二,其中条件一任意一项符合即可。

表 3-8　因旱饮水困难判别条件

判别条件		判别标准
条件一	取水地点	因旱改变
	基本生活用水量(L/(人·d))	<35
条件二	因旱饮水困难持续时间(d)	>15

贵州省各级行政区因旱饮水困难等级划分标准见表3-9。

表3-9　区域因旱饮水困难等级划分标准

行政区级别		省	市(州、地)	县(市、区)
轻度困难	困难人口(万人)	50～100	—	—
	困难人口占当地总人口的比例(%)	5～10	10～15	15～20
中度困难	困难人口(万人)	100～400	—	—
	困难人口占当地总人口的比例(%)	10～15	15～20	20～30
严重困难	困难人口(万人)	400～600	—	—
	困难人口占当地总人口的比例(%)	15～20	20～30	30～40
特别困难	困难人口(万人)	≥600	—	—
	困难人口占当地总人口的比例(%)	≥20	≥30	≥40

用因旱饮水困难人口总数或因旱饮水困难人口占当地总人口数量的比例中等级高者作为省级因旱饮水困难等级,用因旱饮水困难人口占当地总人口比例作为市(州、地)和县(市、区)因旱饮水困难等级。本次对因旱饮水困难程度评价仅以干旱期间全省因旱饮水困难人口高峰值作为评价依据。

根据统计数据,贵州省因旱饮水困难人口最大日出现在2010年4月5日(县级行政区因旱人饮困难程度分布见图3-11),当日因旱饮水困难人口为695.22万人(≥600万人),大部分为农村人口,占灾区总人口的19.16%(<20%),因旱饮水困难人口总数达到《旱情等级标准》(SL 424—2008)中特别困难级别,而因旱饮水困难人口占当地总人口的比例为重旱级别,则最终确定省级饮水困难为特旱级别。市(州、地)饮水困难人口及其占当地总人口的

比例见表 3-7。从表 3-7 可见,除铜仁地区外,其余 8 个地级行政区均出现因旱人饮困难,其中贵阳市、遵义市、毕节地区、黔东南州 4 地为轻度困难,安顺市和黔南州为重度困难,六盘水市和黔西南州为特别困难,全省范围内 9 个地级行政区没有重度困难的地区。从地域分布来看,本次干旱期间人饮困难主要出现在西南部且由西南向东北逐渐减轻,黔中地区普遍出现中、轻度人饮旱情,但贵阳市两城区例外,可见贵阳市两城区生活供水保证率足以抵御本次干旱。

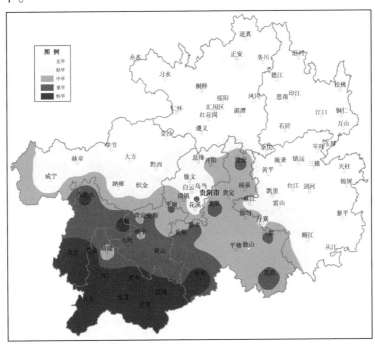

图 3-11 全省最严重时段因旱人饮困难程度分布

3.1.3 区域综合旱情等级评估

用农业旱情等级与相应区域内因旱饮水困难旱情等级中旱情等级高者作为该区域内的综合旱情等级,最终确定出本次干旱中旱情最严重阶段,省、地和县级行政区旱情等级与各级行政区农业旱情等级基本一致。因此,可以认为本次干旱期间区域旱情等级取决于农业旱情等级(见图3-10)。

3.2 旱情频率分析

用区域农业综合旱情指数作为计算旱情频率的指标。根据统计整理后的历史旱情系列资料,利用区域农业综合旱情指数公式,计算得到各年干旱过程中最大的区域农业综合旱情指数;然后在频率格纸上点绘经验数据(纵坐标为旱情指数的取值,横坐标为对应的旱情经验频率),并采用目估适线法绘制旱情频率曲线。对于本次干旱过程,采用该次过程中最严重期间的旱情资料,计算得到最大的区域农业综合旱情指数,以此最大旱情指数在已绘制出的旱情频率曲线上查得该次干旱过程或某时刻的旱情频率。贵州省农业综合旱情指数频率曲线见图3-12。

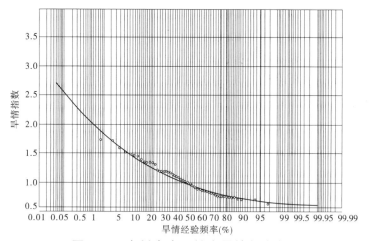

图3-12 贵州省农业综合旱情频率曲线

根据贵州省农业综合旱情指数频率曲线图,查出本次干旱灾害的发生频率约为50年一遇($I_a = 1.91$)。

3.3 小 结

（1）从贵州省的因旱临时人饮困难发生起止时间来看，大部分地区因旱临时人饮困难起始时间比农作物和大牲畜提前，缓解和结束时间均滞后于后两者，而大牲畜临时饮水困难和农作物因旱影响始末时段相对较短且发生时间均滞后于因旱临时人饮困难。这充分表明，同一干旱条件下，人畜饮水对干旱灾害最为敏感。

（2）贵州省9个地区（州、市）中，西部地区和黔南地区旱情较为严重，尤其以西南地区最为严重。因旱影响人口以毕节地区最多，其因旱临时饮水困难人口和大牲畜数量居全省之首。各地因旱影响人口和大牲畜数量除与旱情严重程度有关外，更与地区各地人口和大牲畜基数有关；而因旱临时饮水困难人口数量除与旱情严重程度和其相应的基数有关外，更应从农村饮水安全的角度去分析深层次原因。从某种意义上来说，本次干旱中的临时饮水困难人口分布情况跟贵州省农村饮水困难人口分布情况密切相关。

（3）从农作物受灾情况来看，毕节地区2009年末常用耕地面积大小仅次于遵义地区，但受灾面积、成灾面积和绝收面积数量均为全省之首，究其原因，除与受旱程度有关外，旱情还与省内易旱地区分布、易旱季节分布、农业种植结构、水利化程度等因素有关。

（4）从区域旱情指数来看，粮食主产区春茬作物主要为油菜，理论上受旱普遍较为严重，但其旱情指数与相邻其他区域并无明显差别，可见贵州省近些年水利基础设施建设抗旱效益已初见成效。

（5）根据全国气候干旱区划示意图、全国农业综合干旱及旱灾区划示意图，结合贵州省本次特大干旱灾情，可以发现贵州省虽然属于水分盈余区和农业综合干旱一般脆弱区,但分析全国农业抗旱能力分布图,贵州省属于3类地区,即属于水资源条件较好但水利工程建设欠缺、抗旱能力较弱地区,这进一步表明贵州工程型缺水问题依然严重,工程措施在抗旱工作中仍举足轻重。

4 抗旱工作评估

　　面对持续旱情,旱区因地制宜采取蓄、引、提、截流等多种措施,通过修建抗旱应急水源工程、应急调水工程、打井挖泉和输水、运送水等方式解决群众用水困难,专业技术人员从技术上及时帮助受灾群众解决抗旱中存在的实际困难;各级水利部门深入干旱一线,对供水短缺情况进行认真摸底排查,制订科学合理的供水计划和应急供水方案,强化水量的统一调度和管理,科学合理调度利用水资源,在保障人畜饮水的前提下做好抗旱保春耕工作,最大限度地减轻旱灾带来的损失。同时,这场大旱也凸显了贵州省抗旱减灾保证体系建设方面存在的一系列问题。

4.1 工程措施评价

4.1.1 水利抗旱工程体系运用状况

　　2009 年 6 月,贵州省水库、山塘总蓄水量为 12.39 亿 m^3,其中中型水库 4.19 亿 m^3,占总蓄水量的 33.82%;小(1)型水库 5.06 亿 m^3,占总蓄水量的 40.84%。截至 2010 年 2 月,贵州省水库、山塘蓄水总量为 7.79 亿 m^3,其中小(1)型以上水库蓄水量占工程总蓄水量的 74%。随着旱情的进一步发展,截至 2010 年 3 月底,贵州省水利工程蓄水量为 5.9 亿 m^3,比 2009 年 6 月少蓄 6.49 亿 m^3,其中中型骨干水源实际蓄水 2.11 亿 m^3,占总蓄水量的 35.76%,比 2009 年同期减少 1.65 亿 m^3,同比减幅为 44%。水利工程减少的 6.49 亿 m^3 蓄水大部分用于保障当地居民生活用水安全,见图4-1。

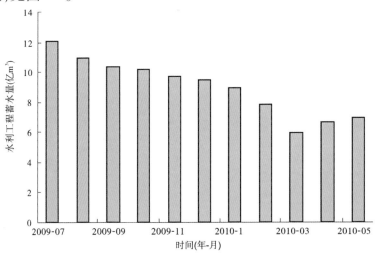

图4-1　2009年7月至2010年5月水利工程蓄水动态示意图

4.1.2　应急抗旱工程措施实施情况

干旱期间,各地各有关部门通过进一步摸清水资源状况,深入开展应急找水打井工作,加强已成水井的使用和管理,科学合理地开发利用水资源。各级水利部门先后投入抗旱资金2 000万元、1.1万余名干部职工,应急打井1 792眼,建设抗旱应急提水工程988处,新建小(微)型工程4 226处、引水工程1 497处、调水工程761处,铺设输水管线4 786 km。遵义市在中心城区南片发生供水困难后,遵义市投入近3 000万元,紧急实施水泊渡水库调水工程,40 d就完成了建设任务,保证了近40万人的饮水需要;丹寨县城区供水告急时,当地党委、政府组织水利、消防、自来水公司等单位,仅用60 h就完成城区应急水源建设(见图4-2)。毕节市针对城区供水日趋紧张的局面,通过分片区定时供水,建设城区应急供水工程等一系列应急措施,从小河提水至利民水库补充供水,日供水能力0.45万 m³,缓解供水压力。此外,水利部门还协调水利部派遣技术人员 100 余名,支援贵州省应急找水打井,解决了灾区 38 万人 12 万大牲畜的临时饮水困难。

图 4-2　用于解决丹寨县城区及周边 3.5 万群众的饮水困难的
刘家桥水库"引水入城"应急水源工程

国土资源部门投入 4 000 万元,紧急协调,组织地矿、有色地勘、煤田地质等基层单位快速调集 13 支勘探队伍共计 1 200 余人,携带 63 台(套)钻机,完成钻孔 237 眼,成井 203 眼,并协调国土资源部派遣 2 支援黔应急打井找水队伍 223 人、钻井设备 19 台(套)、物探设备 10 余套,支援贵州省应急找水打井 100 眼,解决了灾区 66.43 万人 15.33 万头大牲畜及部分农业生产用水问题。

4.2　非工程措施评价

各级各部门工作重点突出,始终把解决群众饮水困难问题放在第一位,从领导决策、物资储备、供水协调、应急送水、灾民救助、后勤保障等方面加强部署,千方百计保证群众生活生产用水。

4.2.1 抗旱组织体系

各级党委、政府高度重视,切实加强抗旱救灾工作的组织领导。灾情发生后,党中央、国务院十分关心贵州省抗旱救灾工作。胡锦涛总书记、温家宝总理等领导分别作出重要指示。2010 年 4 月 3 日至 5 日,温家宝总理专程赶赴贵州视察灾情,指导抗旱救灾工作。贵州省委、省政府高度重视抗旱救灾工作,精心安排部署、靠前指挥抗旱救灾工作,成立以王晓东副省长任组长,禄智明副省长、辛维光副省长任副组长的综合应急指挥领导小组,全面负责抗旱救灾工作。贵州省委书记石宗源、省长林树森亲自带队深入黔西南、黔南等重灾区查看旱情,慰问灾民,检查指导抗旱救灾工作。在温家宝总理到贵州视察灾情后,省委书记石宗源就贯彻落实温家宝总理的重要指示作出批示,要求认真贯彻、狠抓落实,把贵州的抗旱救灾工作做好;省长林树森多次要求各地各部门认真贯彻落实中央和省委、省政府关于打赢抗旱保民生攻坚战的各项要求和部署,切实做好应对极端干旱形势的各项准备。省政协主席王正福,省委副书记王富玉,省委常委、常务副省长王晓东,副省长禄智明、辛维光,时任省长助理郝嘉伍等省领导也先后多次主持召开专题会议,研究部署抗旱救灾工作,并亲临灾区慰问受灾群众和检查指导抗旱救灾工作。

贵州省人民政府防汛抗旱指挥部、贵州省水利厅把抗旱救灾保民生作为压倒一切的中心任务,迅速研究安排抗旱救灾工作,落实了行政首长负责制和行政领导分工责任制。要求地方各级抗旱指挥机构认真履行《中华人民共和国抗旱条例》、《中华人民共和国水法》、《中华人民共和国城市供水条例》、《贵州省水旱灾害应急预案》、《贵州省防汛抗旱值班细则》、《贵州省抗旱排涝服务队管理办法》、《贵州省防汛抗旱工作考核评比办法》等规章制度,使抗旱工作做到有章可循。贵州省防汛抗旱指挥部多次下发《关于认真做好枯水季节防旱抗旱工作　保障城镇供水安全的通知》、《关于切实做好当前抗旱保供水工作的通知》、《关于进一步做好当前抗旱工作的紧急通知》和《关于加强城镇应急供水工作　确保城乡居民饮水安全的通知》等通知，适时安排部署抗旱工作。先后派出 40 多个工作组，赴人饮困难较为突出的开阳、丹寨、独山、长顺、望谟等地实地调研，投入大量资金帮助这些地方解决人饮困难问题。积极搞好对口帮扶贵州省抗旱救灾各工作组的后勤服务工作，及时将各对口帮扶单位捐赠的物资设备转发到旱情严重地区并督促快速投入救灾。在抗旱救灾的同时，安排编制《贵州省城市应急（备用）水源工程建设规划》并报水规总院，此外，还编制并实施了《贵州省 2010 年干旱灾害城镇应急供水预案》。

　　加强水情雨情测报及人工增雨作业。各有关部门严格执行 24 小时值守制度，及时向贵州省政府报告每日灾情。抗旱期间，省政府应急管理办公室共接待、处理灾情 1 000 余件，编发《贵州值班信息》7 期、《应急信息专报》20 期、《值班快报》23 期，及时向国务院和贵州省委、省政府及各地各部门报告或通报灾情及应对情况。为做好灾情统计核实工作，采取"政府统筹、归口统计、层层把关、会商审核"的方法，由各级政府应急管理办公室牵头、民政部门具体负责统计数据汇总、每周组织 2 次灾情信息会商审核，确保了灾情数据的准确性。贵州省气象局加强天气预测预警信息滚动发布，针对出现的降水天气过程适时组织开展人工增雨作业。协调成都军区派遣两架飞机实施人工增雨作业 44 架次，组织火箭、高炮开展人工增雨作业 2 606 次，发射炮弹 3.7 万余发，火箭弹1 003 枚，对缓解旱情起到了积极作用。贵州省水文水资源局加强江河来水监测，坚持抗旱水情信息日报制度。贵州省水利工程移民局发出《关于做好当前移民区抗旱救灾工作的紧急通知》，下拨200 万元移民抗旱专项资金帮助解决人畜饮水困难问题。

　　交通、电力、公安、民航等部门积极做好交通、电力保障等工作。交通运输部门主动协调落实 4 400 余辆抗旱救灾运送物资车辆的免费优先通行政策,制发了《防汛抗旱车辆通行证》,确保抗旱救灾物资、打井勘探车辆免费通行。公安部门优先为抗旱救灾车辆提供交通安全保障,确保了抗旱救灾人员和物资快速安全送达灾区。电力部门投入人员 4.38 万人次、车辆 1.13 万辆次、应急发电机(车)6.5 台次,受理抗旱报装项目 0.15 项,新装抗旱变压器 516 台,新架抗旱输电线路 486 km,确保了抗旱救灾用电需求。中国民用航空贵州安全监督管理局积极协调人工增雨飞机作业航道保障,并做好抗旱物资运转工作。

农业部门加强以抗旱为主要内容的夏收作物田间管理,先后组织技术人员 21.86 万人次深入乡村指导抗旱保苗,发放指导手册 281 余万份,指导完成浇灌面积 41.191 万 hm^2,追施恢复肥 46.857 万 hm^2,对受旱绝收地块指导改种补种 8.927 万 hm^2,防治病虫害 46.733 万 hm^2,并组织好农资供应、抗旱机具维护等工作,为春耕生产做好准备,争取小季损失大季补,有效减少了灾害损失。

民政、红十字会等部门狠抓灾民救助,加强灾区群众饮水和口粮情况的排查摸底,并造册登记、分类排队,建立电子台账,及时下达抗旱救助资金及口粮救助资金 3.35 亿元,发放口粮救助资金 0.88 亿元、粮食 1.78 万 t,口粮救助人口 185 万人。贵州省红十字会及时调整"红十字博爱送万家"活动重点,对库存物资进行清理,紧急采购大米 500 t、食用油 1 000 桶、矿泉水 1 万件等灾区群众急需物资,向灾区送出价值 1 966.80 万元的大米 0.23 万 t、矿泉水 12.56 万件、食用油 2 万瓶的物资。

卫生、农业等部门狠抓大灾防疫工作。安排了农村水质卫生监测县 81 个、监测点 1 400 个,派出饮水监测、食品监督、卫生防疫、巡回诊疗队伍 642 支 1.16 万余人次,检测水样 5 000 余份,排查学校、工地、供水等单位共 8 万余个,消毒面积 300 万余 m^2,救治伤病人员 1.5 万余人次,对贵州省 110 万个农村寄宿制学校住校生免费接种甲肝疫苗。农业部门扎实抓好春季动物防疫,免疫口蹄疫猪1 567.05万头、牛480.07万头、羊271.35万只,免疫高致病性禽流感鸡4 711.6万只、鸭417.06万只、鹅417.06万只,免疫新城疫鸡4 711.6万只。

物价、工商、粮食、商务等部门狠抓市场监管。增加生活必需品价格监测品种和动态分析报送频次,加强生活用水和农业生产用水等政府定价管理,动用4 012万元价格调节基金调控市场价格、补贴蔬菜种植农户、补助受灾贫困学生,查处价格违法案件233件、金额985.08万元,工商部门开展"红盾护农抗旱保春耕"专项执法行动,建立了市场监管日报制度,出动执法人员3.84万人次、车辆近8 000辆次,检查经营户8万余户,查处案件78起。粮食、商务部门加强生活必需品市场价格、销售库存的动态监控,落实增加中央储备粮临时储备计划15万t、冻肉定点收储计划1 000 t。

政法、综合治理、公安等部门狠抓社会稳定,开展了维护灾区社会秩序、保证群众生产生活用水安全专项行动。针对因水源问题引发的矛盾纠纷做到早发现、早报告、早调处,有效化解矛盾、纠纷3 004起;强化群防群治,严厉打击破坏水利、电力设施等违法犯罪活动;抓好民用爆炸品、枪支弹药、危险化学品、烟花爆竹等监管工作,消除各类安全隐患。加强互联网舆情监控,严防利用网络炒作和其他破坏活动发生。

贵州省教育厅发出《关于积极抗旱救灾 确保中小学寄宿制学校学生用水的紧急通知》,并及时下拨澳门特别行政区捐赠款107万元到各地解决寄宿制学校学生的饮水问题。贵州省林业厅高度重视森林防火,发出《关于做好当前林业抗旱救灾工作的通知》,积极采取有效措施应对森林火灾高发态势,及时协调贵州省移动通信部门向群众发布公益信息2 000万余条,并及时下拨森林防火经费,全力做好森林防火工作。贵州省住房和城乡建设厅组织加强城镇供水水源和管网管理维护力度,制订合理的供水计划和应急供水方案,对高耗水行业采取限水措施,全力保障城镇供水安全。贵州省人民政府国有资产监督管理委员会组织系统内企业积极捐款捐物 2 460 余万元和一批饮用水、化肥、蓄水桶等物资。贵州省商务厅发出《关于切实做好抗旱救灾应急工作的紧急通知》,加强灾区日常生活用品市场的物资供应及价格监控。

贵州省发展和改革部门下拨中央应急水源建设资金、省级建设资金支持各地加强抗旱应急水源建设,并加快相关项目审批进度。贵州省经济和信息化委员会组织电网公司、石油供应单位做好抗旱物资生产企业、城乡自来水厂、抽水站、提灌站的电力、油料保障工作,确保了抗旱及人畜饮水用电、用油需求。中国保险监督管理委员会贵州监管局积极协调并强化理赔工作监管力度。

财政部门制定《贵州省特大抗旱救灾应急资金管理暂行办法》,发出《关于做好当前抗旱救灾工作的紧急通知》,加大资金投入力度,及时调整财政支出结构,加快资金拨付进度,下达抗旱救灾资金 7.85 亿元,其中中央资金 5.80 亿元,省级资金 1.35 亿元,捐赠资金 0.7 亿元。贵州省广播电影电视局加强抗旱救灾新闻宣传报道工作的组织和管理,并协助贵州省委宣传部、贵州省慈善总会主办了"让爱滋润大地——2010 贵州抗旱救灾公益晚会",晚会现场共筹得善款 0.28 亿元,全部用于干旱重灾区群众购买生活用水、打井挖渠、修建水窖等。各部门广泛开展向灾区群众奉献爱心活动,民政系统(含救灾捐赠接收办公室和慈善总会)接收捐款 2.25 亿元、港币 0.40 亿元和价值 0.17 亿元的捐赠物资,团委系统筹集抗旱救灾资金 0.41 亿元、饮用水 1.60 万 t 和价值 13 万元的大米,红十字会系统接收捐赠款物价值 0.67 亿元。

4.2.2 信息监测管理

及时发布预测预警信息。干旱期间,贵州省根据气象部门的监测分析预测预报结果及时发布抗旱救灾信息,要求各级各部门按照《贵州省水旱灾害应急预案》的规定开展相关工作。贵州省人民政府防汛抗旱指挥部办公室先后于2月23日、3月2日、3月10日、3月18日启动干旱灾害Ⅳ级、Ⅲ级、Ⅱ级、Ⅰ级应急响应。4月23日,贵州省自然灾害综合应急指挥部将贵州省自然灾害救助、水旱灾害、气象灾害Ⅰ级应急响应及森林火灾Ⅰ级预警调整为Ⅱ级。5月14日,贵州省人民政府应急办公室终止贵州省自然灾害救助、水旱灾害、气象灾害Ⅱ级应急响应及森林火灾Ⅱ级预警,撤销贵州省自然灾害综合应急指挥部。

4.2.3 抗旱水量调度方案及抗旱预案

本着"先生活,后生产,保重点,讲效益"的原则,对有限的抗旱水源加强统一管理和调配,加强对旱情的研判,了解各地供水保证天数,制定并落实相应的应对措施,确保各项水利工程效益的最大发挥。

4.2.3.1 切实加强水资源调度管理和蓄水保水工作

做好节水工作,对一些非重点高耗水行业,如洗车、洗浴等进行关停或限制。对一些兼备人饮、农灌和水力发电的水库,优先保证城乡供水需求。同时,在城区倡导采用原水或污水厂出水用于实行分时段、分片区限时供水,有效地保证了城镇居民的基本生活用水需求。如贵州省水利厅直管的松柏山水库,在贵阳市城区供水水源花溪水库蓄水不足的情况下,减少农灌用水,先后向花溪水库调水2 600万 m^3,确保了贵阳市城区供水安全。兴义市主要由兴西湖水库供水,在持续严重旱情下,兴西湖水库水位日益下降,难以保证城区居民用水需求。为满足兴义市城区日需水量约7万 m^3 的需要,紧急从木浪河水库调水4万 m^3/d 至兴西湖水库,缓解了兴义市城区供水紧张局势。盘县城关镇主要依靠松官水库供水,在该水库水位下降、水量逐日减小、不能满足供水要求的严峻形势下,从许家屯水库调水到松官水库,确保了盘县城关镇用水,及时解决了城关镇 6 万人饮水困难。黔南州政府为重灾乡(镇)购买、发放抽水机 1 620 台,送水车 139 辆,为运水送水创造了条件。其他受旱地区也根据各自实际情况,制定紧急情况下的水源调配方案,充分利用降水时机,加强塘库蓄水、保水,确保群众基本生活用水。

4.2.3.2　及时启动已有应急预案,同时临时编制启动特殊应急预案

旱情发生后,贵州省按照时任省长助理郝嘉伍的批示精神,及时组织力量对全省城镇(含乡镇)供水情况进行摸底排查,制定城镇应急供水预案,保障极端天气情况下的人饮安全。贵州省防汛抗旱指挥部、贵州省水利厅根据旱情发展态势,及时启动《贵州省水旱灾害应急预案》,同时组织编制了《贵州省 2010 年特大干旱灾害城镇应急供水预案》,对应急供水水源、供水方式、节水措施等进行了具体明确,此外,还协同其他各级各部门启动了其他相关的专项供水预案。黔南州制定了乡(镇)、县(市)应急供水预案。这一系列工作形成了较完善的抗旱预案体系,为夺取抗旱救灾的胜利奠定了坚实基础。

4.2.4　抗旱服务组织行动

抗旱期间,部分农村干旱程度已经超过农村供水工程保证率,饮水安全工程尚未覆盖的农村,特别是高山区和石漠化地区原有天然水源枯竭,导致一些农村人畜饮水困难问题突出。贵州省防汛抗旱应急抢险总队、地级抗旱服务中心及受旱县抗旱服务组织充分发挥抗旱主力军作用,针对局部地区农村人畜因旱饮水困难的局面,按照"先生活、后生产"的用水秩序,坚持开源与节流相结合,深入旱区与群众同吃同住,开展规模化、连片式抗旱作业,充分利用现有水资源,同时寻求新的水源,为受旱群众拉水、送水,千方百计确保旱区群众有水喝、农田有水灌,并根据水源的水量变化和

需水群体的不同情况,对各种送水设施进行合理配置和科学调度,切实提高送水效率。以县、乡、村为单位,落实责任,通过组织义务送水车队送水等措施,积极帮助鳏寡孤独、留守儿童及生活在深山区、石山区的特殊困难群众解决用水问题。据统计,贵州省各级累计投入抗旱服务队组织 2 849 个、抗旱人力 600 余万人次。

民政部门协调车辆 130 余辆次,运送捐赠矿泉水 2 000 余 t,组织慈善义工 10 万余人,向灾区群众运送生活用水、发放生活补贴等。公安部门动用警力 2.49 万余人次、车辆 1.64 万余辆次,送水 10 万余 t,缓解了 800 万余群众及大牲畜的饮水困难。

团委系统发挥青年志愿者、青年突击队、青年文明号及春晖使者的作用,组织送水突击队 1 607 支,参与人数达 4.97 万人,服务次数约 25.75 万人次。红十字会系统组织志愿者及会员义务投工 30 万余个,动用车辆 350 辆次,送水 5 000 余 t。

贵州省公安消防总队开展了"红水桶"、"红扁担"、"红背篓"、"抗旱救灾献爱心,我为慈善捐一日"、"绿色家园行动"等活动,投入 3 200 万余元购置消防车 53 辆,出动官兵 4.93 万余人次、消防车 1.71 万余辆次,运送水 8 万 t,设立便民取水点 133 个,浇灌农田 0.17 余万 hm^2,定点帮扶敬老院 87 个、幼儿园 85 个、农村学校 196 个,帮助购买"红水桶"1 923 个(见图 4-3)。贵州省军区出动官兵、民兵预备役人员 18.2 万人次、车辆 1.77 万辆次,运送水 5.3 万 t、物资 985.5 t,清(掘)水井 36 口,铺设管线 342 km,清理河道 24.5 km,修建蓄水池 370 座,抢修水利设施 3 224 处,安装抽水设备 370 套,浇灌农田 0.92 万 hm^2,收割庄稼 32.793 万 hm^2。援黔部队出动官兵 6.1 万余人次、车辆 1 599 辆次,运送水 8 003 t、物资 1 141 t,清(掘)水井 32 口,铺设管线 308 km,修整水渠 461.5 km、公路 36.8 km,清淤 9 972 m^3,抢修水利设施 31 处,浇灌农田 0.048 万 hm^2,收割庄稼 27 hm^2。贵州省武警总队先后出动兵力 3.26 万人次,扑灭山林大火 321 多起,为灾区群众捐款捐物累计达 280 万元,并积极开展拉送水工作。贵州省武警总队出动官兵 12.8 万人次、车辆 1.52 万辆次,运送救灾物资 9 万余 t,浇灌农田 0.387 万余 hm²,开设送水点 560 个,铺设管线 153 km,抢修抽水设备 468 台、水利设施 1 120 余处,新建引水提灌工程 5 处、小水窖 196 个,寻找水源点 152 处,购买发电机 25 台、抽水泵 58 台、水桶 3 280 个,印发《卫生常识手册》6 000 余册,捐款捐物 400 万余元,救助群众 76 万余人。

图 4-3 "红水桶"抗旱救灾突击队整装待发

4.2.5 对口帮扶工作

为响应国家防汛抗旱总指挥部副总指挥、水利部部长陈雷提出的举全行业之力支援西南重旱区抗旱减灾工作的号召,根据国家防汛抗旱总指挥部统一安排,黄河水利委员会、太湖流域管理局、中国水利水电科学研究院三个水利部直属单位和北京、天津、湖北、安徽四省(市)对口帮扶贵州省抗旱救灾,提供找水、打井、拉水、抽水等设备和技术服务。

贵州省防汛抗旱指挥部办公室、贵州省水利厅协调水利部对口支援贵州省的 100 余名水利抗旱专家、工程技术人员,分赴黔西南、毕节等五个市(州、地)重旱区开展抗旱工作。各兄弟省份紧急行动,在较短的时间内收集或采购抗旱设备。抗旱物资包括运水车 40 辆、水泵 630 台、发电机 64 台、净水消毒药片 20 万片,总价值约 900 万元。其中北京市驰援价值 300 万元的抗旱救灾物资,包括运水车 10 辆、水泵 20 台、发电机 30 台、净水消毒药片 20 万片,此批成套配送的发电抽水设备,每小时可抽水 4 000 m^3;天津援助总价值约 200 万元的抗旱救灾物资,主要包括移动发电机 14 台、水泵 500 台;湖北省援助 10 辆送水车、10 台水泵、10 台发电机;安徽省支援潜水泵 120 台,发电机组 10 台(套),送水车 6 辆,总价值 150 万余元。此外,新疆维吾尔自治区援赠 10 t "旱地龙"抗旱剂;河北省支援 30 辆送水车、10 台水泵机组、10 台发电机等价值 300 万元抗旱物资,同时派出 2 批专家组共 5 人帮助指导抗旱救灾。所有对口支援抗旱物资在第一时间转送至各重旱区。

资金捐赠方面,水利部机关干部职工踊跃捐款 25 万元,为兴仁县饮水困难群众购水拉水;水利部长江水利委员会干部职工捐款 11.5 万元支援丹寨县实施应急水源工程建设。北京市水务局向贵州省旱区捐赠抗旱救灾资金 80 万元,中国工商银行为贵州省水利设施建设捐款 100 万元。贵州省慈善总会运到黔西南州重旱灾区 100 t 饮用水。中共中央统一战线工作部支援贵州抗旱救灾募捐款 1 526 万余元。

在水利部及直属单位、兄弟省市和社会各界的大力关心支持下,贵州省抗旱救灾工作取得明显成效,未发生一人因旱断水的状况。对口帮扶工作解决了黔西南、黔南、毕节等重旱区 38 万人和 12 万头大牲畜的临时饮水困难。

据统计,贵州省各级累计组织投入抗旱服务队 3 478 个、抗旱人力 95.25 余万人次、义工 40 万余个,动用车辆 7.8 万余辆次,农机 43.2 万台次,累计投入抗旱专项资金 19.99 亿元、饮用水 0.78

万 t、救济粮食 17.06 万 t;收受对口援助资金(含捐赠)4.40 亿元、港元 0.4 亿元、饮用水 1.68 万 t、粮食 10 万 t。此外,还有其他抗旱机具等价值 0.93 亿元的抗旱物资;发放宣传资料、抗旱救灾倡议书近 284.4 万份,发布新闻稿 1 万余条(篇、幅);新建各类抗旱应急水源工程 9 084 处,铺设输水管线 5 589 km;维修抗旱机具 481.20 万台(套)、水利设施 4 375 处。

4.3 灾后恢复重建

2010 年 5 月 14 日,鉴于贵州省出现多次明显降水天气过程,旱情得到明显缓解,贵州省应急管理办公室决定终止贵州省自然灾害救助、水旱灾害、气象灾害Ⅱ级响应及森林火灾Ⅱ级预警,抗旱救灾全面转入到恢复重建阶段。旱情解除后,贵州各级各部门及时开展灾情核查工作,积极组织开展灾后恢复重建。

彻底摸清底数,认真做好受灾群众夏接秋口粮救助工作。从 2010 年 5 月初开始,各地按照省委、省政府的要求,全面开展需要夏接秋口粮救助的受灾群众调查工作,采用村级自查、乡(镇)排查、县级复查、地级抽查和省级加强督促指导的方式开展调查工作,并及时编制了口粮救助预案,细化了救助措施。根据评估核定,贵州省 2010 年夏接秋期间需要政府投入救助资金 7.67 亿元,贵州省民政厅、贵州省财政厅及时向民政部、财政部上报了《关于请求专项安排旱灾口粮救助补助资金的请示》,请求专项安排补助资金。

针对受旱绝收的地块,及时进行改种补种。农业部门帮助群众针对受旱绝收的地块,科学规划进行改种补种。在抓好农资储备供应的同时,各级农业部门下派大量技术干部,深入村、组、农户和田间地头,动员群众及时移栽、播种,积极兴办示范样板,广泛开展农业适用技术培训,动员群众及时移栽、播种,确保实现满栽满种,力争将灾害损失降到最低。

落实监管措施,抓好病险水库和地质灾害隐患点的查险排险工作。各地各有关部门积极开展水库、山塘等水利工程维修、渠道清淤除障,确保每处水利工程都能及时恢复正常蓄水、供水和安全度汛。水利、国土等部门认真抓好各项预案、措施的落实,储备充足的防汛物资,切实加强水库水电站汛期调度和汛期地质灾害监测预警预报,全面开展安全度汛工作,确保遇有情况能够及时、有效处置。据统计,旱灾中贵州省共有 158 座塘坝(不含病险库)不同程度受损,总库容为 1.05 亿 m^3,需要修复资金 1.4 亿元。

积极动员和组织群众开展林业恢复重建。各地积极推广使用节水灌溉、切干造林、树体管理、保水剂、生根粉等成熟技术,努力提高造林成活率和保存率。贵州省林业厅专门组织科技人员深入到旱情较重地区,对花椒等经济林木开展抗旱保苗技术现场培训,帮助群众挽回旱灾损失。

及时启动各项工程建设规划。贵州省水利厅在组织各地积极开展恢复重建的同时,及时启动了《贵州省重点水源工程近期建设规划》、《贵州省小型水利设施建设规划》、《贵州省水利建设生态建设石漠化治理综合规划》(下称"三位一体")等,力争从根本上增强贵州省抗御自然灾害的能力。其他各级各部门也正紧密结合"三位一体"建设理念,制定灾后恢复重建和发展实施方案,力争加大对灾区的扶持力度。

4.4 抗旱减灾效益分析评估

4.4.1 典型水利工程抗旱减灾运行情况

(1)骨干水源工程延缓了旱情。骨干水源工程由于调蓄能力强,可提供稳定的水源,对抗击旱灾发挥着重要作用。根据分析,如果没有现有骨干水源工程作为供水保障，贵州省旱灾影响最严重的时段将提前在 2009 年年底出现，正是因为有了骨干水源工程作支撑，才使当地严重旱情得以延缓。贵州省内先后兴建的遵义水泊渡、松桃道塘、安顺王二河以及"滋黔"一期工程中的贞丰水车田水库、独山谭尧水库、息烽鱼简河水库、毕节倒天河水库等骨干水源工程，为抵御这场旱灾提供了短期的水源保障。

2009 年 7 月，水利部门管理的水库、山塘总蓄水量为 12.02 亿 m^3，其中小(1)型及以上水库蓄水量为 9.03 亿 m^3，占工程总蓄水量的 75%；2009 年年底，水利部门管理的水库、山塘总蓄水量为 9.44 亿 m^3，其中小(1)型及以上水库蓄水量约为 8.69 亿 m^3，占工程总蓄水量的 92%；随着旱情的进一步发展，到 2010 年 3 月底，水利部门管理的水库、山塘总蓄水量为 5.9 亿 m^3，小(1)型及以上水库蓄水量占总蓄水量的 77%，其中水利部门管理的 34 座中型骨干水源工程实际蓄水 2.11 亿 m^3，比 2009 年同期减少 1.65 亿 m^3，同比减幅为 44%。蓄水减少部分除蒸发、输水损失外，全部用于保障当地用水安全。在遵义市、六盘水市、安顺市、黔南州等地，凡有骨干水利工程覆盖的地方，城镇居民生活用水基本没受到大的影响。例如：遵义灌区水泊渡水库在遵义市中心城区 40 万人供水极为困难时应急调水，确保了遵义市中心城区的供水安全；息烽鱼简河水库累计放水 150 余万 m^3，保灌面积达 0.013 万 hm^2；安顺市西秀区在抗旱期间紧急调度蓄水工程水量 800 余万 m^3，解决了 7 万多人的临时饮水困难和 4 000 多 hm^2 农作物的生产用水需求；思南县的马畔塘水库作为许家坝镇的供水水源，解决了许家坝镇街道居民及镇周边村寨 1.84 万人的饮水安全。盘县刚建成的哮天龙水库(见图 4-4)每天向新城区供水 1 万 m^3，使红果新城区 8 万居民用水无忧。此外，贵阳市通过松柏山水库、花溪水库进行"两库"联合调度，确保了南明区部分片区、小河区及花溪区近 55 万人城市居民的生活用水安全。

图 4-4　大旱中的哮天龙水库

（2）病险水库除险加固后抗灾减灾能力提高。除险加固后，以往病险水库的蓄水能力得到明显提高，抗旱保民生能力增强。盘县松官水库直至 2010 年 3 月水位仍远远高出死水位线，保证了老县城片区的城镇供水，且在许家屯水库联合调度情况下，还能保障老县城片区 8 万余人的供水安全，这在两座水库除险加固之前是根本没办法实现的，而同样是盘县的民主镇小白岩村，在田农作物、竹林、灌木林大面积枯死，全县包括小白岩村在内的 80 多个村，人饮用水都是由政府组织机动车辆定时送水解决，这些大部分村寨都有一个共同特点，就是远离水源点，大规模的集中供水管网没有覆盖到。

镇宁县桂家湖水库经除险加固后，新增年供水能力 628 万 m^3，新增灌溉面积 0.077 万 hm^2，在本次抗旱中除保障 0.333 万 hm^2 农田灌溉、0.5 万人和 0.2 万头牲畜的饮水外，同时向镇宁县城、贵航集团云马厂、红星钡业公司日供水 1.23 万 m^3。江口县地落水库在完成除险加固和配套渠系建设后，在大旱时节保灌面积达到 44.667 余万 hm^2，增产粮食的经济效益近 850 万元。岑巩县大河坪水库经除险加固后，在本次特重旱期间，有效地解决了该县地城村赶场坝、地城、下坝、黑岩冲、大秧田等寨 14 个村民小组534 户 1 830 人和 600 余头牲畜的饮水困难问题,至 2010 年 4 月中旬,仍蓄水 80 余万 m^3。修文县岩鹰山水库在此次抗旱中,为周边提供了可靠的水源保障,向大石、小箐、洒坪、六广 4 个乡镇片区供水,解决了 48 个村共 5.19 万人的饮水困难;高潮水库解决了高潮水厂供水范围内 9 000 余人的生活用水,同时为扎佐工业园区13 家药厂提供了生产用水。台江县烂塘水库在大旱期间充分发挥了调蓄功能,它所辖灌区 200 多 hm^2 粮田基本没受旱灾的影响,稳产、高产在望,直至旱情结束,水库可供水量还有 340 万 m^3 以上,即使不下雨,也可供 200 多 hm^2 农田的春耕用水问题。整治后思南县三星水库在抗旱期间缓解了 1.75 万人的饮水困难问题。兴义市木浪河水库在城市供水因旱告急的关键时刻,每天向市区紧急调水 5.2 万 m^3,有效保证了 23 万兴义市民的正常生活用水,同时保证了下游灌区油菜灌溉用水,而兴义市万亩油菜基地的 0.133 万 hm^2 集中连片的油菜因缺水灌溉全部枯黄。根据统计分析,贵州省病险水库经除险加固后,直至 2010 年 4 月中旬,还可供水 1 个月以上的中型水库有兴义市兴西湖水库和围山湖水库、镇宁县桂家湖水库和八河水库、习水县东风水库、湄潭县湄江水库、遵义县浒洋水水库、沿河县官舟水库、三都县芒勇水库、省直松柏山水库、余庆县团结水库、黔西县附廓水库等共 12 余座;小(1)型水库有习水县渔溪坝水库、桐梓县高坎水库、毕节市利民水库、纳雍县吊水岩水库、遵义县龙岩水库和清水河水库、道真县沙坝水库、盘县松官水库和许家屯水库、凯里市金泉湖、安顺市猫猫洞水库和棕树水库等。可见,病险水库除险加固后抗旱效益明显提高,为贵州省农业丰收、经济可持续发展提供了坚实保障。

(3)灌区节水改造工程有效提高了农业抵御水旱等自然灾害的能力和综合生产能力。在本次干旱期间,灌区节水改造工程节水效益明显,极大提高了灌区农业抗旱能力。例如:黔南瓮福灌区实施的大型灌区节水改造与续建配套工程发挥了巨大的抗旱效益;安顺市西秀区双堡镇许官村的地下水利用烟水配套工程在干旱期间解决了 0.11 万余人的饮水和 0.013 万 hm^2 的田土抗旱大难题,抗旱效益 100 万余元。仁怀市高大坪乡银水村的烟水配套工程在抗旱的紧要关头有效解决了麻窝沟、杠止、桥上、苍湾等村民组 0.17 万人的饮用水问题和 0.017 万余 hm^2 耕地的灌溉问题,充分发挥了灌溉和人畜饮水的综合效益。

(4)饮水安全工程发挥抗旱作用。例如:思南县共建农村饮水安全工程 154 处,设计解决 21.37 万人的饮用水问题。这些供水工程在干旱期间提供人畜饮用水 290 万 m^3,确保了供区内人畜饮用水需要。区内邵家桥镇集镇供水工程在改造后扩大了供水范围,本次干旱期间每日供水 500 余 t,为该镇 0.84 万人提供了饮水安全保障。

(5)小微型水利设施发挥抗旱作用。例如:盘县的大山镇自 1997 年以来先后修建了 1 228 口小水窖,这些小水窖将全镇 4 100 名受旱群众缺水的日子推迟了 70~80 d,在一定程度上缓解了无水源区群众的饮水困难。

本次干旱期间,贵州省水利工程实蓄水量净减少 6.49 亿 m^3,减少部分除水量损失外均用于保障城乡居民生活用水、农村人畜饮水及部分农田灌溉。结合 2009 年贵州省用水水平,水利工程蓄水解决了 1 057.19 万城镇居民、458.12 万农村人口和 229.06 万头大牲畜的用水问题。综上所述,在遭受同样旱情的情况下,有水利工程和没有水利工程的受灾情况是完全不一样的。可见,水利基础设施建设取得的成果是本次抗旱救灾取得胜利的重要支撑,而蓄水工程在本次抗旱中体现的效益主要为以人为本的社会效益。

4.4.2 水利工程抗旱效益

面对旱情,贵州省近年来兴建的各类水利工程在保障城乡生活供水、农业灌溉、生态环境需水等方面均发挥了重要作用,成为抗干旱、保民生的基础。从4.4.1"典型水利工程抗旱减灾运行情况"可以看出,水利工程尤其是"十一五"以来贵州省农村饮水安全、"滋黔"中型水库、病险水库治理、大中型灌区续建配套与节水改造、烟水配套、农村人均半亩有效灌溉面积等民生水利工程顺利实施,在这次大旱中发挥了显著的抗旱效益,使短时间内贵州省范围内旱情等级明显降低(见图3-2、图3-3、图3-5、图3-6),而水利工程抗旱效益最显著阶段是2009年7月上旬旱情开始至2009年大季收割时段,2009年小季下种至2010年旱情结束阶段水利工程抗旱效益主要体现在黔东地区,但抗旱效益不明显(见表4-1)。

表4-1 不同水利工程供水条件下受旱面积情况

时段	水利工程供水灌溉及面积所占比例情况	特大干旱	严重干旱	中度干旱	轻度干旱	无旱
2009年7月上旬至2009年大季生长期结束	不考虑水利工程供水灌溉(万 hm²)	301.932	882.977	337.019	218.518	21.223
	占国土面积的比例(%)	17	50	19	13	1
	考虑水利工程供水灌溉(万 hm²)	0	6.463	179.322	987.402	588.484
	占国土面积的比例(%)	0	1	10	56	33
2009年大季生长期结束至旱情结束	不考虑水利工程供水灌溉(万 hm²)	1 722.274	39.396	0	0	0
	占国土面积的比例(%)	98	2	0	0	0
	考虑水利工程供水灌溉(万 hm²)	1 408.420	343.044	10.206	0	0
	占国土面积的比例(%)	80	19	1	0	0

从表4-1可以看出,贵州省范围内的水利工程在短时期内抗

旱效益明显,但对于持久大范围干旱,因干旱程度超过了贵州省小型水利工程设计保证率,因而抗旱效益有限。

4.4.3 应急抗旱措施抗旱减灾效益

抗旱救灾工作确保了抗旱救灾物资的市场供应,贵州省未出现市场价格波动情况,未出现因灾引起的突发公共卫生事件,未出现因灾致病、致亡及逃荒要饭等情况,未发生因灾引起的重特大群体事件、因造谣惑众引发的群体性恐慌事件,保持了社会稳定。

据统计,应急抗旱工作解决了 1 891.89 万人次、787.96 万头大牲畜的临时饮水困难和 185 万人的口粮救济问题,同时解决了 65.177 万 hm^2 耕地的浇灌问题和 32.0 万 hm^2 耕地的耕播问题以及 70.285 万 hm^2 农作物的追肥问题,此外还解决了 1.23 亿只(头、羽)动物的免疫问题。

经分析,抗旱挽回因旱经济损失 130.25 亿元,其中农业经济损失 125.25 亿元。

5 评价结论

5.1 存在问题

5.1.1 工程性缺水严重,已建成骨干水利工程严重偏少,水资源调配能力弱

通过对比图 3-2、图 3-3 可以看出,短时间内水利工程抗旱效益显著;而通过对比图 3-5、图 3-6 可以看出,随着旱情的持续,干旱程度超过小型水利工程设计供水保证率,水利工程抗旱效益有明显减弱。从表 4-1 中不同阶段有、无水利工程供水灌溉条件下农业旱情等级及其面积也充分说明贵州省水利工程抗旱能力较弱的客观事实。

(1)限于自然条件和投入不足等历史原因,贵州省已建蓄水工程较少,尤其是中型以上骨干水利工程少,抗旱能力弱。2009年,贵州省水资源开发利用率仅为 9.5%,各类水利工程总供水量为 92 亿 m^3,贵州省蓄水工程人均供水能力仅为 264.30 m^3,远低于全国平均水平,水利工程供水量远不能满足经济社会发展和人民群众生活生产需要。贵州省已建成的 17 893 处蓄水工程中,中型水库仅 34 座,99.9% 都是小型水库或山塘,总蓄水量不到 20 亿 m^3,已有水利工程尤其是小型水利工程普遍无调节能力,供水保证率严重偏低,抗旱能力弱,如小山塘、小水池、小水窖等小(微)型工程在正常年份能发挥大作用,但受蓄水量小、无调节能力等限制,一遇持续干旱便因蓄不上水而失去作用。许多地方没有水利

工程的覆盖,即使是正常年份也还依然缺水。贵州省尚有 400 多万人规划内饮水不安全人口,未列入规划的饮水不安全人口远远超过 400 万人;贵州省人均有效灌溉面积仅为 0.039 hm^2,远远低于全国平均水平的 0.045 hm^2。

(2)小型病险水库多,难以正常发挥效益。近年来实施治理了一批小(1)型以上的病险水库,但目前仍有 800 余座小型水库没有得到治理。这些水库由于不能正常蓄水,抗旱减灾效益衰减,使工程性缺水问题显得更加突出。

(3)抗旱应急备用水源匮缺,城镇居民生活用水缺乏坚实的供水工程保障,农村饮水安全形势依然严峻。目前,贵州省除贵阳市、六盘水市等少数几个城市有专供城市供水水源工程外,其余城市均无专供水源工程,更多的是挤压农灌水源保城镇供水,影响了城镇供水的稳定性,特别是在干旱年份,用水矛盾尤为突出。

5.1.2 生态环境十分脆弱,土壤蓄水保墒能力弱

贵州省森林覆盖率为 39%,牧草地为 160 万 hm^2,但林草植被质量不高,水土流失严重。贵州省水土流失面积为 7.3 万 km^2,占国土面积的 42%,年均土壤侵蚀总量达 2.5 亿 t,相当于年均流失 2.67 万 hm^2 耕地表层。石漠化面积为 3.3 万 km^2,占贵州省土地面积的 19%,居全国之首,且近年来仍以每年 1% 左右的速度在继续扩大。

5.1.3 抗旱救灾资金投入不足

由于缺乏稳定、灵活的投入保障机制,抗旱投入长期不足,导致抗旱基础设施建设维护、抗旱服务保障体系建设等严重滞后于经济社会发展要求。近几年来,各级政府对抗旱基础设施建设给予了一定投入,但由于贵州省经济基础比较差,地区配套资金到位困难,抗旱专项经费来源渠道少。干旱灾害出现时,各级只给予少

量补助,这对于面广量大的抗旱工作来讲,目前资金的投入与抗旱工作实际需要极不相适应,严重制约了抗旱减灾能力的持续提高。例如:仅农村中小学备用水源工程建设资金缺口就高达4.5亿元;在灾害救助方面,农业生产因灾造成农业直接经济损失95.5亿元,中央、省级下达的救灾生产资金仅占3%左右,加之农村经济基础薄弱,救灾资金缺口较大。

5.1.4 应急管理体系建设亟待加强

一是一些地方对水情、旱情信息报送工作不够重视,对发生的旱灾反应迟钝,信息报送机制不完善,情况掌握和上报不及时、程序不规范、时效性差的问题仍然比较突出;二是抗旱应急联动机制急需强化,抗旱救灾初期,由于缺乏统一的统计、审核机制,灾情数据上报存在不准确、不一致的问题;三是应急物资储备不够完善,抗旱救灾应急物资储备品种单一、数量严重不足等问题突出;四是应急指挥手段相对落后,主要依靠电话、传真、文件等载体实施,信息共享、实时传输、辅助决策存在差距;五是基层应急管理能力较弱,乡(镇)、社区信息报告、应急机制等不够健全,在启动应急预案中,有的地方对边界条件研究不够,达到启动条件而未启动相关响应,防灾减灾仍存在随意性,同时抗旱单项预案编制差距大,对抗旱乏力的行为还没有规制性约束,以抗旱预案为重点、抗旱法规为核心的工作体制、机制亟待完善。此外,群众特别是农村群众的安全防范、避险自救意识缺乏。

5.1.5 干旱灾害预测预报预警能力弱

受技术条件和经济条件等因素的影响,贵州省旱情信息监测和预测预报能力偏低,旱情采集、传递缺乏必要的监测手段,旱情监测评估和预测分析能力严重滞后,目前水利部门的5个土壤墒情监测系统站点少,覆盖范围十分有限,难以为科学抗旱决策提供全面、及时、有效的信息,致使抗旱工作缺乏系统和长期规划的指导。

5.1.6 抗旱技术水平与现代化防灾减灾要求不相适应,新技术推广乏力

抗旱减灾仍主要凭借经验,新技术、新设备、新材料的研究开发与推广应用滞后,围绕抗旱重大技术问题开展的科研少且科技转化率不高,对抗旱工作的支撑不够。尽管本次特大干旱期间的打井工作取得了明显成效,但仍存在诸多不足,主要表现为:抗旱主要依靠人海战术,采用传统的抢险器具和物料,现代化程度较低;基础水文地质资料尚不全,加上找水新设备、新技术的采用仍显不足,使抗旱找水带有盲目性,对定孔成功率产生较大影响,导致打井施工进度慢,从而影响抗旱应对速度。针对前述问题,今后应加强基础水文地质资料甚至供水水井井位资料的储备,以便遭遇干旱时能快速及时应对;加大地下水找水和打井新设备、新技术、新工艺的投入和研究,提高找水打井成功率和施工速度;简化地下水利用全过程的管理程序,减少人为因素耗时,提高抗旱快速应对能力。此外,干旱保险仅停留在研究层面,还没有形成操作性强的制度,农业政策性保险立法进程有待进一步加强。

5.2 措施与建议

针对本次干旱灾害发生前、发展过程中所突显的一系列问题和薄弱环节,应紧密结合"三位一体"建设理念,从易旱季节分布、易旱地区分布、社会各行各业需(用)水规律等角度去深刻认识贵州干旱灾害的一般规律。

(1)针对工程型缺水问题,统筹推进骨干水源工程建设和水资源配置工程,大、中、小、微并举,蓄、引、提、调结合,加快水利建

设、生态建设和石漠化治理的"三位一体"规划实施,解决好工程性缺水和资源性缺水问题。做好雨洪资源化的规划与发展,利用林草植被和各类工程调蓄,实现雨洪资源化;加快大中型灌区节水配套改造建设步伐,稳定灌溉面积,增加节水面积;加大塘堰改造、河渠清淤的力度;继续紧抓病险水库除险加固工作,恢复工程抗旱减灾效益,提高蓄水保水输水能力,提高抵御工程抗旱能力。重视农村中小学应急水源建设,确保农村中小学师生饮水安全。

(2)搞好水土保持和生态环境建设。按照水利建设、生态建设、石漠化治理"三位一体"的要求,加大石漠化治理力度,搞好水土保持,着力提升生态环境的持水抗旱承载能力。

(3)继续推进现代气象、水文业务体系建设,重视旱情监测预警预报工作。加强气象、水文网、旱情监测等站网的规划建设,建立以土壤墒情监测系统为主的综合旱情监测、分析、预警和预报系统,进一步完善旱情旱灾短时临近预报预警业务系统,全面提升公共气象服务能力和水旱灾害防御能力。

(4)加大干旱灾害科研扶持力度。在抗旱减灾的各个环节注重科学技术的运用,大胆引进和普及推广先进的抗旱技术,研究探索主要作物节水灌溉模式,优先采用节水效果好、自动化程度高的节水灌溉技术,推广工程节水、农艺节水与管理节水相结合的综合节水措施,搞好污水处理灌溉;推广喷、微灌技术,发展高效农业,实现高投入高产出;在设施农业中推广电脑自动控制的微灌技术,并与施肥、施药结合起来,在提高产品产量的同时,改善产品品质。加强对旱情的中期、长期和超长期预测预警、旱灾风险分析方法、旱灾防灾减灾保障体系、人工增雨建设等方面的理论基础研究。

(5)切实加大抗旱资金投入,在切实增加公共财政投入的同时,搭建防旱抗旱的投融资平台,拓宽抗旱工程措施和非工程措施的投资渠道,特别是加强易旱区的应急资金投入,使有限的资金发挥更大的社会效益和经济效益。针对旱情监测预警硬件、软件设施严重缺乏问题,努力争取各级财政另列专项资金,以保证与社会经济发展相适应的稳定的抗旱减灾投入,加快实现旱情信息自动采集、自动传输、计算机自动处理,实现旱灾的传递更快、更准的目标,为抗旱科学决策提供更准确、更及时的依据。最后,还应增加引进人才以及增加对现有人才培养的投入。针对本次干旱灾害中农业生产遭受重创的实际,做好农业生产资金保障工作,保证恢复重建需要。

(6)应急管理方面,加强应急预案、抗旱服务组织建设、联动机制建设、物资储备等抗旱管理能力建设,不断健全完善应急管理体系。加快推进应急平台体系建设,努力实现突发事件处置辅助决策、指挥高效的目标。抓好基层减灾防灾能力建设,加强防灾减灾知识宣传教育,切实提高基层应对突发事件的工作水平。按照科学性、可操作性的原则,继续抓好抗旱单项预案的编修,形成以各级预警及其响应为核心的抗旱应急管理体系,努力做到有力、有序、有效应对干旱灾害。

(7)常规管理方面,做好本次干旱灾害对口支援工作中地下水开发成果的使用管理,搞好水资源开发利用的可持续研究。以水资源承载能力为底限,引导各地搞好农业种植结构调整,加快建立低耗水、高效益、抗灾能力强的农业种植结构,对农业用水实行定额控制,降低农业用水比例。在农村人饮解困上,要抓规划、抓质量、抓管理、抓服务,确保长期受益、良性运行。搞好黔中水利枢纽工程水资源利用,大量增加可以利用的水资源量。加强抗旱服务组织建设,以兴办节水示范区为主,以科技服务、主动服务为主。

此外,统筹规划城乡供水,高度重视城镇化进程中的水资源承载能力,加强城镇供水管网建设、水污染防治工作,确保城镇居民、寄宿式学校师生的用水安全。在城市供水方面,加大水资源开发利用力度,以水库等地表水为主,以适度开采地下水、集蓄雨水和污水处理回用作补充,广泛开展节水型城市建设工作。

综上所述,贵州省抗旱工作的发展方向可概括为:工程措施与非工程措施有机结合的综合抗旱体系是最有效的减灾途径。尽管工程措施(如水库建设)是实现抗旱减灾的基本手段,但由于受社会、经济、生态、环境和技术等条件的限制,仅靠工程措施难以实现资源的合理配置和最优的减灾及保障社会经济可持续发展的效果。今后,在进一步完善抗旱工程体系的同时,应不断加强目前还相对薄弱的法规、管理、体制、土地管理、风险分担、公众参与、高新技术应用等非工程措施的建设,并与工程措施整合,形成一个优势互补的综合抗旱减灾体系,以全面提高抗旱减灾工作水平。

附录1　抗旱救灾典型事例

典型事例1　冷洞村采用"滴灌"技术拯救130余 hm² 金银花

一、基本情况

兴义市则戎乡冷洞村位于则戎乡西南部,全村土地面积7.3 km²,耕地面积88.04 hm²,辖12个村民小组1 700余人,居住有汉族、苗族、布依族、彝族等民族。冷洞村是贵州省一类贫困村,属典型的喀斯特岩溶山区,80%的面积是石山,没有一块好土,没有一眼泉水,没有一条沟渠,自然环境十分恶劣,人畜饮水和生产灌溉都靠"望天水"。世代居住在冷洞村的群众,与恶劣的自然环境做顽强抗争,毫不退缩,如满山攀援的金银花,让石旮旯儿恢复了勃勃生机。

金银花是多年生藤本植物,富抗旱性,能在石缝中生长,在中药材中有广泛的应用,花蕾可制养生茶,干花及茎叶皆可入药,种植三年后成株,寿命在30年以上,一株能蔓延20 m²左右,每公顷纯收入可达30 000元,是山区里极好的保民生、保发展、保生态的经济作物。到2009年,冷洞村的金银花已发展到148.27 hm²,金银花成了当地群众增收的主要途径。每年3月,冷洞村怪石嶙峋的石山,应该是被金银花绿色枝叶覆盖的时候。但2009年夏到2010年春,连续265天,火辣辣的太阳炙烤着大地,草木枯黄,河溪断流,老井干涸,水窖见底。百年未遇的特大旱灾,使小麦成了枯草,油菜不见开花,果树不见挂果。最让冷洞村人心疼的是,原本抗旱能力极强的130多 hm² 金银花濒临死亡边缘,村民面临着重返贫困的困境。

二、抗旱措施

面对特大干旱,冷洞村人不屈膝折腰,村民从饮用水中挤出水挑到山上浇灌,但由于气温高、蒸发太快,水分严重流失。冷洞村党支部书记朱昌国立即召集村组干部挨家挨户查水。据统计,截至 2010 年 3 月 6 日,全村 386 个水窖和 246 个水池,全部蓄水仅剩1 200 m³,只够全村人饮用 12 天,人吃水都困难,金银花浇灌怎么办?急中生智,朱昌国想到了"滴灌",他把家里废弃的矿泉水瓶和饮料瓶装满水,在瓶子底部戳一个小孔,用细绳将矿泉水瓶挂在金银花的茎干上,然后拧松瓶盖,一滴滴晶莹的水珠从瓶底小孔悄悄渗进土中,这种易于操作、蒸发量少、水量损失小的灌溉模式试验成功后在全村迅速推广。

三、抗旱成效

在历史罕见特大干旱面前,冷洞村人千方百计克服困难,全村没有一头大牲畜因旱灾贱卖或者死亡,用 10 万个塑料瓶滴灌的办法救活130 余 hm² 金银花的抗旱奇迹,充分体现了"不怕困难、艰苦奋斗、攻坚克难、永不退缩"的贵州精神。

四、经验教训

冷洞村抗旱救灾成功经验主要体现在:一是基层党组织充分发挥战斗堡垒作用,村支部书记朱昌国带领党员想群众之所想,急群众之所急,为夺取抗旱救灾胜利提供了强有力的组织保障。二是大灾之年,冷洞村人用他们坚韧的毅力和聪明智慧,采用"瓶子滴灌法"科学抗旱保苗,挽回了自然灾害带来的重大损失。三是正当村里为实施滴水灌溉的 10 万只塑料瓶而苦恼的时候,黔西南台播出了冷洞村急需向社会征集 10 万只塑料瓶的消息,得到社会各界的广泛关注,短短 3 天时间,凝聚着爱心的 10 万只塑料瓶就迅速送到了灾区。

典型事例 2　贵阳"两库"联调应急调水,确保城区供水安全

一、基本情况

花溪水库位于贵阳市南部、南明河上游河段,距离贵阳市中心 20 km,水库总库容为 3 140 万 m^3,是贵阳市主要的供水水源之一,每天向下游城镇供水约 25 万 m^3,保障南明区部分片区、小河区及花溪区约 55 万居民生活用水,同时兼向南明河供给一定的环境用水。松柏山水库位于花溪水库上游,总库容为 4 460 万 m^3,水库的主要功能一方面是为花溪区 0.151 万 hm^2 农田提供灌溉用水,另一方面则是每年为城区提供用水 4 000 万 m^3。花溪区 2009 年下半年降水量总计为 287.8 mm,与常年同期相比偏少 4 成以上;2010 年第一季度降水量共计为 18.4 mm,与常年同期相比偏少 8 成。持续的降水少和蒸发大等因素,导致花溪水库蓄水量急剧减少,2009 年 10 月中旬,水库可利用的库容为 700 万 m^3,若不采取一系列的措施,按照花溪水库日常的供水情况,花溪水库的蓄水可供利用的天数仅有一个多月,供水形势异常紧张。

二、抗旱措施

面对严峻的供水形势,贵阳市防汛抗旱指挥部先后 7 次组织召开抗旱紧急会商会,决定对松柏山水库、花溪水库进行"两库"联合调度,并启动贵阳市城区应急供水方案,即加大以阿哈水库为供水水源的南郊水厂和以红枫湖水库为供水水源的西郊水厂的供水量,

缓解花溪水库的供水压力。2009年10月至2010年5月,松柏山水库向花溪水库实施应急调水7次,累计调水量为2 600万 m³。

三、抗旱成效

经过各有关部门通力协作和贵阳市防汛抗旱指挥部的精心组织、科学调度,确保了中曹水厂、花溪水厂的供水安全,使南明区部分片区、小河区及花溪区近55万人的生活用水没有因旱而受到影响。

四、经验教训

松柏山水库应急调水充分体现了坚持以人为本、科学抗旱、依法抗旱的宗旨,严格遵循了"先生活、后生产,先地表、后地下,先节水、后调水"的水资源调配原则,在大旱中做到了科学合理统筹调配水资源,确保了贵阳市城区供水安全,保障了社会稳定和经济发展。与此同时,通过这次大旱考验,也暴露了贵阳市城区供水管网尚未全部连通,各供水水厂之间不能对水量进行自由调配。对此,应改造完善城市供水管网,实现水量的统一调度和管理,提高供水系统应对特大干旱等突发事件的应急保障能力。

典型事例3 清镇市流长乡磅寨应急供水工程建设

一、基本情况

流长乡位于清镇市西部,与毕节地区的织金县、安顺市平坝县交界,距清镇城区40 km,全乡总面积为158 km²,总耕地面积为188.067 hm²,辖39个行政村1个居委会,总人口为4.8万余人,其中少数民族人口占总人口的54%,是贵阳市最大的少数民族乡之一。全乡水资源非常匮乏,石漠化严重,水利设施较为薄弱,全乡现有山塘 25 座,总库容为 19.8 万 m³,建有 25 m³ 小水窖 2 500 余口、人畜饮水工程 45 处。2009 年 8 月至 2010 年 5 月的持续性干旱,导致流长乡受灾农作物面积达 162.747 hm²,占全乡种植面积的 89%,555 口水井枯竭,占全乡小水井数的 80.7%,小山塘 25 座已基本干涸,因旱造成 23 500 余人饮水困难,占全乡人数的 50%,当地饮水困难群众需到 10 km² 远的水源点背水。

二、抗旱措施

2010 年 3 月 4 日,贵州省委副书记王富玉同志到流长乡检查指导抗旱工作,现场要求将磅寨应急供水工程作为重大民生工程,尽快组织实施。3 月 5 日,贵阳市政府召开专题会议研究部署工程建设,并落实工程建设启动资金 160 万元。3 月 6 日,贵阳市水利局组织技术人员赴现场勘测、设计,提出了《清镇市流长乡磅寨应急供水工程阶段成果报告》,工程建设方案:建三级提水泵站,将白猫河水引到腰岩村高位水池,提水总扬程为 476.3 m,设计每天 12 h 提水,设计提水流量为 167 m³/h,从取水点至高位水池上水压力管道长 2.25 km,从高位水池至腰岩村主供水管道长 8.43 km,日供水量 1 993 m³,年供水量 72.7 万 m³,工程总投资 1 943 万元。3 月 10 日,工程动工兴建,在业主、设计、监理、施工等单位以及流长乡党委、乡政府的共同努力下,克服了资金缺口大、建设工期短、工程任务重、施工难度大等重重困难,于 4 月 11 日完成主体工程建设,并全面调试和试运行,于 4 月 12 日成功将清澈的白猫河水引到腰岩村。

三、抗旱成效

2010 年 4 月 12 日,工程投入运行后,从此腰岩、磅寨等 15 个村民组共 17 497 人的饮水困难得到彻底解决,村民们不再饱受等水、守水和背水之苦。

四、经验教训

该工程施工难度大、建设工期短、资金缺口大、任务重,按照正常工期至少为 180 天,但在短短的 1 个月完成主体工程建设,并成功通水,这主要得益于各级领导的高度重视和各有关部门的大力关心与支持,得益于参建各方的共同努力,充分体现了以人为本、抗旱保民生的宗旨。这次特大旱灾暴露了水利基础设施较薄弱、缺乏骨干水源工程、不能抵御长时间的干旱,以及地处偏远、水资源匮乏、地质条件差的乡村抗旱能力弱等问题。为此,今后要着眼长远,谋划未来,抓好抗旱规划,加强水利工程设施建设,从根本上打破靠天吃饭的局面。

典型案例 4   安顺市关岭县板贵乡抗旱救灾保卫战

一、基本情况

关岭县东面和西面分别受打帮河、北盘江河槽的深切,山高水低,境内河溪汇流历时短,降雨洪水暴起暴落,造成地下水源出露低,加之漏斗等地质构造与地下溶洞相连,地面峰丛林立,蓄水条件差,工程性缺水严重,抗旱能力低。

2009 年入秋后,全县出现百年不遇的干旱天气,造成境内28.7万人和 17.3 万头牲畜临时饮水困难,农作物受灾面积达1.459万 hm^2,其中绝收面积 1.107 万 hm^2,因旱造成大牲畜死亡150 头,因旱直接经济损失巨大。

二、抗旱措施

2010 年 4 月 7 日,关岭县板贵乡召开了抗旱救灾保卫战动员大会,安顺市市委书记亲自到现场并作重要讲话,市各领导部门相关人员亲自动手为关岭县板贵乡的火龙果、花椒等进行浇灌,为关岭县抗旱救灾工作的胜利打下了坚实的基础。关岭县广大人民群众在县委、县政府的坚强领导下,各党员干部积极投入到抗旱救灾工作第一线,以解决广大人民群众的生活用水为主,调节好广大人民群众的生产用水。按照"先生活、后生产,先节水、后调水,先地表、后地下"的原则,对水资源进行科学调度,做到计划用水、节约用水和重点用水相结合,重点保城镇供水和农村人畜饮水。

关岭县防汛指挥部积极组织工作人员深入抗旱一线,投入抗旱技术人员 1 500 多人次,维修抗旱机器 80 余台(套),投入抗旱机器 123 台(套),占全县防汛抗旱物资储备的 77.85%,同时进一步投入了对抗旱机器的采购,为全县抗旱工作提供了有力的保障;积极组织筹措资金帮助吃水困难的地方突击兴建一些饮水点,解决群众饮水困难。此外,关岭县水利局投入 264.5 万元资金兴建临时饮水工程 45 个,安装输水管道 42 km,安装提水泵 12 台,建提水泵站 3 座,修建引水灌溉工程 4 处,修建三小工程、山塘整治工程、水库整治等项目,解决 3.48 万人饮水困难,解决牲畜 2.15 万头饮水困难。同时,加强了送水下乡工作,截至 2010 年 4 月底,该县解决了 1.53 万人及 0.86 万头牲畜的因旱临时饮水困难问题。

三、抗旱成效

通过动员大会的召开,当地群众自觉投入到抗旱保树工作中,努力把因旱枯死株率降到最低程度。林业部门加强了对群众的抗旱保树技术培训,采取截干、包扎截口、埋置装水并能滴漏的可乐瓶等容器于根系附近以提高土壤墒情等措施,最大限度地降低了蒸腾。抗旱工作使板贵乡 0.133 万 hm² 的花椒及火龙果旱情得到了进一步缓解,花椒保存率达到 70% 以上,为减少板贵乡广大人民群众的经济损失起到了重要作用。群众的生活用水困难得到缓解,生产用水得以调节使用,最大限度地减少了关岭县的因旱农业生产损失。

四、经验教训

（1）领导高度重视。领导重视是抗旱救灾工作取得胜利的重要保证，抗旱期间，关岭县领导干部亲自到抗旱一线调研，充分了解旱情，并对抗旱救灾工作进行正确指导，为全县抗旱救灾工作取得胜利提供了重要保障。

（2）部门联动。抗旱救灾工作涉及范围广，只有各有关部门共同行动起来，才能保证抗旱救灾工作取得实效。

（3）科学调度，优化配置水资源。充分利用各类水系网络，强化水资源的统一管理和调配，配合有关乡（镇）做好现有水资源的分配和管理。

（4）统一指挥，搞好协调，努力形成抗旱工作齐抓共管的局面。在县委、县政府的统一领导下，各部门充分履行自身职责，团结协作，努力形成抗旱工作齐抓共管局面，在大旱之年体现出各级防汛抗旱部门的积极作用。

（5）进一步加强与上级部门的联系，争取资金新建一些饮水设施。

（6）积极组织防汛抗旱技术人员深入到各乡（镇）了解灾情，掌握灾情发展动态，做好信息报送工作，为领导决策提供科学依据。

典型事例5　望谟县抗旱救灾典型案例

一、基本情况

2009年8月至2010年4月，望谟县出现持续高温天气，出现了历史罕见的夏秋冬春四季连旱。全县平均气温比历年同期偏高

2.0 ℃左右;2009 年全年降水量 814 mm,比历年减少 500 多 mm;2010 年 4 月上旬水利工程蓄水量仅为 96.99 万 m³,比多年同期蓄水量偏少 72.81%;13 座山塘全部干涸;大部分河流、溪沟干涸断流,给全县人畜饮水和农业生产造成了严重影响。据统计,全县 17 个乡(镇)均不同程度受灾,因旱造成 21.4 万人、10.792 1 万头大牲畜饮水困难;农作物受旱面积 12 800 hm²,成灾面积 9 066.67 hm²,绝收面积 7 333.33 hm²;草场受灾面积 3 045.73 hm²,因旱造成的经济损失为 2.7 亿元;县城日缺水量为 0.615 万 m³。

二、抗旱措施

(1)紧紧围绕"送、帮、引、消、保",切实解决旱区的人畜饮水问题。送:全县各单位、各乡(镇)组织力量向学校、老弱病残、特困户等特殊群体送水。帮:实行县直单位与行政村捆绑对口帮扶,以直接送水、寻找水源、送水管、送发电机、送抽水机等方式,确保群众有水喝。引:组织沿江、沿河乡(镇)从江河中抽水,在解决好人畜饮水的同时,做好春耕备耕准备;对不沿江河且水源缺乏的乡(镇),采取远距离布设管道引水的方式,解决人畜饮水问题。消:对各种存在不安全因素的水源和水进行消毒,确保人畜饮水安全。保:千方百计保住现有水源,让有限的水资源发挥关键的作用。

(2)编制县城及乡(镇)应急供水预案,超前防范旱情延续。望谟县防汛抗旱指挥部、望谟县水利局共同编制了《2010 年 3～7 月县城供水应急预案》,确保在旱情延续的情况下能有效解决居民的生活用水问题。望谟县防汛抗旱办公室严格要求各乡编制《2010 年 3～7 月乡(镇)供水应急预案》,并对预案进行核查后给予批复,确保预案的有效性、可操作性。

(3)绘制全县抗旱送水示意图,科学调度水资源。望谟县防汛抗旱办公室根据各乡(镇)提供的抗旱送水示意图,结合每周送水次数、送水成本、取水点、送水点、解决人畜饮水困难数等,绘制全县的抗旱送水示意图,一方面有效控制抗旱成本,使抗旱资金都用到刀刃上;另一方面能够对水资源进行合理调度,扩大送水范围,解决更多的人畜饮水困难。

三、抗旱成效

全县投入抗旱救灾资金 1 168.6 万元,其中中央拨款 286 万元,省级财政拨款 255 万元,地县级政府拨款 627.6 万元。全县共投入抗旱劳力 6.8 万人,成立送水队伍 82 支,出动 237 车次,抗旱设备 120 台(套),装机 0.01 万 kW,出动机动运输车 480 辆,抗旱用油 24.88 t,临时解决人畜饮水困难 11.61 万人、5.01 万头(匹),抗旱浇灌农作物 1 419.8 hm²,其中群众以背、挑、马驮等方式浇灌农作物 168 hm²。

四、经验教训

抗旱救灾主要体会:一是充分估计和预判旱情发生的范围、持续时间、造成的危害,切实做好抗大旱的准备。二是充分依靠和发挥基层党组织的战斗堡垒作用。三是要牢固树立自强不息、团结互助、攻坚克难、志在必胜的信心,克服厌倦情绪和麻痹松懈思想。

典型事例6 开阳县城区抗旱应急调水典型案例

一、基本情况

开阳县县城驻地城关镇,是全县政治、经济、文化中心。县城区面积为 6 km²,截至 2009 年年末,区域内固定人口 8 万人,流动人口 4.5 万人。县城供水工程有三项:一是以翁井水库蓄水水源为主的县自来水公司供水,供水管网覆盖人口 11.4 万人;二是以白沙井出露泉水为水源的南中村饮水工程,供水管网覆盖人口0.5

万人;三是以小山沟河水为水源的东山村饮水工程,供水管网覆盖人口0.13万人。在三项供水工程中,县城供水以自来水公司供水为主。2009年11月至2010年5月,开阳县遭受新中国成立以来的最严重旱灾。2009年12月15日,县城主要供水水源翁井水库蓄水量仅30余万 m^3 ,县城供水出现紧张,县城供水成为抗旱救灾保民生、保稳定工作的重中之重。

二、抗旱措施

面对严峻的抗旱形势,当地各级党委、政府高度重视,全力以赴开展抗旱保供水工作。一是兴建应急提水工程,开展跨小流域应急调水。针对县城主要供水水源翁井水库蓄水严重不足的情况,开阳县水利部门积极寻找补充水源,最终确定从邻近流域双流镇鹿角坝水库下游河道建应急提水工程,将河水抽到双胜大沟,通过双胜大沟将水输送到翁井水库。2009年12月20日至2010年5月9日,开展应急调水持续140天,累计向水源翁井水库调水141万 m^3 。二是启用备用水源,实施限水措施。随着旱情的发展,2010年1月15日后,翁井水库入库基流及双胜大沟调水流量明显减少。1月20日,翁井水库可供水量仅3万余 m^3 ,仅能满足县城正常供水2日水量;1月22日开阳县启动县城供水应急预案,县自来水厂启用备用水源工农水库向县城供水2 000 m^3 ,县城实行分片区、分时段供水,并限制部分高耗水行业用水;2月20日,翁井水库入库基流、双胜大沟调水流量日入库总量不足6 000 m^3 ,县自来水厂备用水源工农水库干涸,为此,县城日供水量由7 000 m^3 缩减为5 000 m^3 ,县城实行分3个片区分时段供水,供水时间由6 h缩短为2~3 h。三是启用战备应急水源。随着旱情的加剧,自3月24日起,开阳县城不得不启用南门外的战备井供水,每日供水700余 m^3 ,临时解决县城南门外一带1万余人的饮水困难。

三、抗旱成效

面对严峻的供水形势，当地党委、政府高度重视，切实采取了兴建应急提水工程、开展应急调水、实施限水、启用备用水源和战备水源等措施，确保了县城 11.4 万人的饮水安全，确保了当地社会稳定和经济发展。

四、经验教训

在这次抗旱保供水中充分体现了开源和节流对应对特大干旱等突发事件是同等重要的，也充分体现了抗旱应急备用水源在应对特大干旱等突发事件中的重要作用。与此同时，通过特大干旱灾害的考验，也暴露了抗旱工作中的薄弱环节。一是城镇供水水源工程单一问题普遍存在，缺乏备用水源；二是城镇供水水源工程规模普遍偏小，供水保证率未达到国家规范要求，抗旱能力弱；三是对水源的保护不够，导致水质型缺水。如开阳县城边的东风水库、陶家坝战备井均是因水源受污染，未能在这次特大干旱中发挥应有作用。

典型事例 7 钟山区大河镇大箐村溶洞水源解旱愁

一、基本情况

大河镇大箐村位于六盘水市钟山区大河镇西北角，由于地理位置较高，海拔近 1 900 m，缺水问题一直比较严重。2010 年初特大干旱，造成该村 2 638 人、2 500 头大牲畜饮水困难以及钟山区科技园 20 多万株苗木枯死。

二、抗旱措施

旱情发生后,当地水利部门组织技术人员帮助寻找水源,并在该村三组一地下溶洞中找到一处地下水源。钟山区水利局及时安排抗旱应急资金 3 万元,购买了水泵、PE 管、电缆等将水引至原有已干枯的蓄水池中,该水源日产水量可达 30 m^3。

三、抗旱成效

该应急水源解决该村近 1 000 人的临时用水困难及科技园 33.33 hm^2 果园的灌溉用水问题,省、市多家媒体对该处抗旱应急工程进行宣传报道。

四、经验教训

钟山区为典型的喀斯特地貌,水土流失严重,蓄水能力不强,土壤保水能力较差,出现持续性干旱天气往往导致地表水源枯竭,人畜饮水困难。与此同时,在这样的地区往往会在一些溶洞中有地下伏流存在,在遇特大干旱时,可以采取应急工程措施将伏流中的水抽出洞外,以解决当地群众的饮水问题。

典型事例8　钟山区老鹰山镇打深井抗旱保供水

一、基本情况

老鹰山镇位于钟山区老鹰山镇陆家坝村和石河村,小镇上的居民靠石河水库及老鹰山水厂供水。2010 年初特大干旱灾害,导致石河水库枯竭,水库无水可供,水厂停产,小镇上 5 000 人缺水,严重影响了当地的社会稳定。

二、抗旱措施

为帮助当地群众解决饮水问题,贵州省地矿局 113 大队在老鹰山镇石河村成功打井一眼,打井深度为 104 m,日产水量达 500 m³,并将打出的地下水引至老鹰山水厂。

三、抗旱成效

贵州省地质矿产勘查开发局 113 大队打的这眼深井,保障了大旱期间老鹰山小城镇 5 000 人的饮水需要,确保了当地的社会稳定。

四、经验教训

受地形地貌条件的影响,贵州省大多数地方地下水埋藏较深,开发利用成本相对较高,但其出水量受干旱天气影响相对较小,水质好、出水量相对稳定,在易旱区可作为应对抗御特大干旱灾害等突发事件的应急备用水源。

附录 2 抗旱救灾大事记

2009 年 9 月 15~16 日,国家防汛抗旱总指挥部秘书长、水利部副部长刘宁率财政部、水利部、农业部等组成的国家防汛抗旱总指挥部工作组深入贵州省遵义市桐梓县、遵义县等地视察灾情,指导抗旱救灾工作。

2009 年 12 月 16 日,贵州省水利厅副厅长、贵州省防汛办公室主任金康明率工作组深入供水趋紧的独山县调查了解情况,检查指导供水工作。

2009 年 12 月 18 日,贵州省防汛抗旱指挥部发出《关于认真做好枯水季节防旱抗旱工作 保障城镇供水安全的通知》,要求各级各有关部门把抗旱保供水作为当前的重要工作来抓。

2010 年 1 月 28 日,贵州省防汛抗旱指挥部工作组深入受旱较重的开阳县调查了解情况,检查指导抗旱供水工作。

2010 年 1 月 30 日,贵州省防汛抗旱指挥部工作组赵云常务副主任一行赴黔东南州深入受旱较重的丹寨县调查了解情况,检查指导抗旱供水工作。

2010 年 1 月 29 日,贵州省防汛抗旱指挥部发出《关于切实做好当前抗旱保供水工作的通知》,要求各级各有关部门坚持以人为本,从保增长、保民生、保稳定的高度,把抗旱保供水作为当前的重要工作来抓,最大限度地满足人民群众的生活用水需要。

贵州省水利厅会同贵州省财政厅及时下拨 1 000 万元经费支持各地抗旱保供水。

2010 年 2 月 3 日,贵州省防汛抗旱指挥部工作组赴长顺县检查指导抗旱保供水工作。

2010年2月5日,贵州省副省长禄智明主持召开旱情会商会议,分析研究当前抗旱形势,部署抗旱保供水、抗旱保春耕工作。

贵州省政府办公厅发出紧急通知,安排部署抗旱保供水、抗旱保春耕工作。

2010年2月7~9日,以国家防汛抗旱总指挥部办公室束庆鹏副主任为组长的国家防汛抗旱总指挥部工作组深入贵州城镇和农村检查指导抗旱工作。

2010年2月23日,贵州省防汛抗旱指挥部启动干旱灾害Ⅳ级应急响应,并发出《关于进一步做好当前抗旱工作的紧急通知》,要求各地各有关部门全力做好抗旱救灾工作。

2010年2月24日,贵州省人民政府召开全省水利工作会议,禄智明副省长在总结讲话中强调要做好当前抗旱保春耕工作。

2010年2月28日,贵州省委副书记王富玉对当前贵州省抗旱救灾工作作出重要批示,要求贵州省防汛抗旱指挥部组织全省各方力量防旱,抗旱工作要落实措施,把旱情造成的损失减少到最低程度。

2010年3月1日,贵州省省委书记石宗源对贵州省当前抗旱救灾工作作出重要批示。

2010年3月2日,贵州省人民政府召开全省抗旱暨森林防火工作专题会议。省委副书记、省长林树森主持会议并做重要讲话,研究部署当前抗旱救灾和森林防火工作。省委常委、常务副省长王晓东,副省长禄智明出席会议并讲话,省武警总队总队长周爱民、省长助理郝嘉伍、省政府秘书长邹伟出席会议,省防汛抗旱指挥部副指挥长、省水利厅厅长黎平汇报贵州省当前旱情和抗旱工作情况。

贵州省防汛抗旱指挥部将干旱灾害Ⅳ级应急响应提高到Ⅲ级。

贵州省水利厅会同贵州省财政厅再次下拨800万元支持各地

开展抗旱工作。

2010年3月3日,贵州省委常委、常务副省长王晓东主持召开省政府抗旱暨森林防火督察工作会,安排部署全省抗旱暨森林防火督察工作。

贵州省防汛抗旱指挥部副指挥长、贵州省水利厅厅长黎平主持召开水利厅党组扩大会议,贯彻落实石宗源书记重要批示和省政府专题会议精神,进一步安排部署当前抗旱工作,

2010年3月4日,贵州省省委副书记王富玉一行赴清镇市调研旱情,指导抗旱救灾工作。

贵州省委常委、常务副省长王晓东深入遵义县察看旱情灾情及人畜饮水等情况。

2010年3月4~7日,以贵州省防汛抗旱办公室主任、贵州省水利厅副厅长金康明为组长的省政府督促检查组到贵阳市、安顺市、毕节地区检查抗旱和森林防火工作。

2010年3月5日,贵州省水利厅会商贵州省财政厅紧急下拨新增抗旱经费2 000万元。

2010年3月5日,贵州省防汛抗旱指挥部办公室召开干部职工动员会,要求全体工作人员进入临战状态,做到24小时全天候坚守岗位,加强旱情监测和预警预报,全面掌握旱情灾情及抗旱救灾情况,及时做好相关信息的处置和报告工作。

2010年3月7日,温家宝总理在全国人大会议贵州团审议会上作出重要指示,要求贵州动员一切力量给旱区送水,并加大应急水源工程建设,确保春播用水需求。

2010年3月10日,贵州省遵义市水泊渡水库应急调水工程顺利通水,遵义市南部城区恢复正常供水。饱经缺水之苦的40万市民终于告别了饮水难。

2010年3月11日,贵州省副省长辛维光率省直有关单位赴黔西南州兴仁县检查指导抗旱救灾工作。

贵州省防汛抗旱指挥部启动Ⅱ级抗旱应急响应。

2010年3月12日,省长助理郝嘉伍作出重要批示,要求贵州省防汛抗旱指挥部加强人畜饮水信息报送和动态协调制度,确保人畜饮水安全。

2010年3月12日至15日,国家防汛抗旱总指挥部再次派工作组深入贵州检查指导抗旱工作。

2010年3月16日,贵州省省委书记石宗源在省委领导干部会议上强调要以学习贯彻全国"两会"精神为动力,全力做好抗旱救灾工作。

2010年3月17日,贵州省省长林树森率省直有关部门负责人深入黔南州长顺县、惠水县检查指导抗旱救灾工作。

2010年3月17~18日,贵州省省委书记、省人大常委会主任石宗源,贵州省委常委、省委秘书长张群山专程赴黔西南州兴义市、安龙县等地实地察看灾情,进一步研究抗旱救灾工作。

2010年3月18日,贵州省副省长禄智明在全省春季农业生产会议期间深入惠水县检查指导抗旱救灾工作。

贵州省防汛抗旱指挥部将抗旱Ⅱ级应急响应提升至Ⅰ级。

2010年3月19日,贵州省水利厅党组书记、厅长黎平主持召开省水利厅党组扩大会议,认真贯彻落实省委书记石宗源、省长林树森分别在黔西南州、黔南州检查指导抗旱救灾工作时的重要指示精神,进一步安排部署下阶段贵州省水利抗旱救灾工作。

中共贵州省委宣传部主办、贵州电视台承办、贵州省慈善总会协办的《让爱滋润大地》2010贵州抗旱救灾电视公益晚会在贵州电视台贵州卫视及地方频道进行现场直播。

2010年3月19~21日,温家宝总理率国家部委的领导一行赴云南省曲靖市指导抗旱救灾工作,并于3月20日组织召开抗旱救灾工作座谈会,听取了云南、贵州、广西三省(区)的情况汇报,并对抗旱救灾工作作出重要指示。温家宝总理指出,受灾地区的各级党委政府积极组织干部群众抗旱救灾,付出了巨大的努力,取得了初步成效,要毫不松懈地继续抓好抗旱救灾工作,全面落实各项措施。

2010年3月22日,贵州省委常委、省政协主席、省纪委书记王正福率省直有关部门负责同志赴安顺市考察旱情,指导抗旱救灾工作。

2010年3月23日,胡锦涛总书记就抗旱救灾作出重要指示,总参总政要求全军和武警部队全力支援地方抗旱救灾。

2010年3月23~24日,在贵州省水利厅厅直机关工会倡议下,厅直系统各单位、各部门紧急动员,全体党员和干部职工积极响应并参与"抗旱救灾"捐款活动,共捐出爱心善款104 969.80元。

2010年3月24日,贵州省人民政府省长助理郝嘉伍亲临贵州省防汛抗旱指挥部办公室调研,并主持召开座谈会,指挥抗旱救灾保供水、保民生、保春耕。贵州省防汛抗旱指挥部副指挥长、贵州省水利厅厅长黎平,贵州省水利厅副厅长、贵州省防汛抗旱指挥部办公室主任金康明,贵州省水利厅副厅长鲁红卫等陪同。贵州省水利厅机关各处室主要负责人等参加汇报会。

2010年3月25日,贵州省水利系统抗旱救灾工作电视电话视频会议在贵州省水利厅办公大楼8楼会议室召开,水利厅党组书记、厅长黎平在全省水利系统抗旱视频工作会议上作了重要讲话,厅党组成员、厅机关各处(室、局)和各地(州、市)水利局干部职工参会。会议传达贯彻省委、省政府关于温家宝总理在云南主持召开的抗旱救灾工作座谈会精神,分析研究贵州省旱情,部署下一步抗旱保供水、保春耕、保民生工作。

2010年3月25~28日,水利部党组成员、副部长周英率领国家防汛抗旱总指挥部、水利部工作组赴贵州省了解旱情、检查指导抗旱工作。工作组实地查看了黔西南州的兴义市、兴仁县和安顺市关岭县等受旱严重地区。

2010年3月26日上午，贵州省军区参谋长张军亲临贵州省防汛抗旱指挥部办公室调研，听取工作情况汇报后指出，贵州省军区再次作出动员部署，与全省人民群众一道坚定信心，共克时艰，打赢抗旱救灾攻坚战。

2010年3月28日，贵州省防汛抗旱指挥部副指挥长、贵州省水利厅厅长黎平组织召开贵州省防汛抗旱指挥部办公室全体干部职工会，就全省防汛抗旱部门抗旱救灾工作进行部署和安排。

2010年3月28~29日，中央媒体"西南抗旱行"采访报道组深入六盘水市盘县及黔西南州部分县(市、区)进行集中采访。

2010年3月29日晚，贵州省水利厅党组连夜召开紧急会议，就加强与抗旱对口援助单位的对接有关事宜商议具体的工作方案。随后，贵州省防汛抗旱指挥部副指挥长、贵州省水利厅党组书记、厅长黎平主持召开省水利厅党组扩大会议，要求全水利系统认真贯彻陈雷部长的重要指示精神，狠抓落实抗旱保民生工作。

2010年3月29~30日，水利部支援抗旱首批专家及物资陆续抵达贵州，湖北、安徽两省援助的抗旱救灾物资已陆续运抵贵州。

2010年3月31日，贵州省省长林树森到黔西南州兴义市、兴仁县检查指导抗旱救灾工作。

贵州省委常委、常务副省长王晓东，副省长辛维光在省发改、民政、财政、国土资源、水利等有关部门领导及县四家班子主要领导的陪同下，赴瓮安县检查指导抗旱救灾工作。

贵州省水利厅党组召开专题会议研究，再次安排下达1 000万元用于农村人畜饮水应急抗旱救灾。

新疆维吾尔自治区昌源水务"旱地龙"公司捐赠给贵州的10 t"旱地龙"抗旱剂紧急运抵贵阳。

2010年3月31日至4月4日，水利部太湖流域管理局专家组到平塘调研旱情。

2010年4月1日,水利部召集贵州、云南、广西、重庆、四川5省(区、市)水利部门,召开西南五省(区、市)、县域水源工程建设规划编制工作会议,部署《西南五省(区、市)县域水源工程近期建设规划报告》编制工作。

2010年4月2日上午,贵州省军区参谋长张军一行到省防汛抗旱指挥部调研,听取贵州省抗旱救灾工作情况,就部队如何支援贵州省进一步做好抗旱救灾工作具体事宜进行座谈。贵州省防汛抗旱指挥部办公室副主任赵云参会。

北京市驰援贵州省抗旱救灾物资捐赠仪式在贵阳龙洞堡机场举行,贵州省水利厅党组成员、驻厅纪检组组长马平出席捐赠仪式。

国家防汛抗旱总指挥部召开西南五省(区、市)抗旱视频会商会议,贯彻中央领导对当前抗旱工作的重要指示,落实国务院西南地区抗旱和冬麦区抗低温专题会议精神,进一步分析当前旱情形势,安排部署下阶段抗旱救灾工作。贵州省省长助理郝嘉伍,贵州省防汛抗旱指挥部副指挥长、贵州省水利厅厅长黎平,贵州省水利厅副厅长涂集,贵州省水利厅副厅长、贵州省防汛抗旱指挥部办公室主任金康明,贵州省水利厅副厅长鲁红卫等在贵州分会场出席会议。随后,贵州省水利厅召开厅长办公会,进一步部署当前抗旱工作,要求认真贯彻落实中央领导和国家防汛抗旱总指挥部领导对抗旱工作的重要指示精神。

2010年4月3～5日,中共中央政治局常委、国务院总理温家宝亲临旱灾最严重的黔西南布依族苗族自治州,先后到兴义市、兴仁县、安龙县与干部群众共商抗旱救灾大计。

2010年4月4日上午,水利部机关干部职工向贵州省重旱区捐款仪式在贵阳龙洞堡机场举行。贵州省水利厅党组成员、厅机关党委书记金世俊出席捐赠仪式。

2010年4月5日下午,天津市防汛抗旱指挥部、水务局对口支援贵州省抗旱物资抵达贵阳。

黄河水利委员会、太湖流域管理局、中国水利水电科学研究院三个水利部直属单位对口帮助贵州抗旱工作也全面启动。

2010年4月7日,贵州省召开了全省水利建设及生态建设、石漠化治理综合规划专题会议,要求要紧紧围绕"水"字做文章,从根本上增强抵御自然灾害的能力。

2010年4月8日,贵州省省长助理郝嘉伍对城市供水措施作出批示,贵州省防汛抗旱指挥部副指挥长、贵州省水利厅厅长黎平,贵州省水利厅副厅长、贵州省防汛抗旱指挥部办公室主任金康明立即部署抓落实。

贵州省水利厅对全省控制性骨干水利工程进行安排部署,拟建毕节地区夹岩水利枢纽,黔西南州五嘎冲水库,安顺市黄家湾水利枢纽,铜仁地区乌江提水工程、河界营水库、黄家坝水库,黔西南州马岭水库7个大型水利枢纽项目。

贵州省水利厅厅长黎平主持召开贵州省水利前期工作会议,贯彻落实4月3~5日温家宝总理视察指导贵州省抗旱救灾工作时的重要讲话精神,并就贯彻落实温家宝总理、石宗源书记和林树森省长重要讲话精神作出工作部署。

2010年4月12日上午,安徽省驰援贵州抗旱救灾物资捐赠仪式在贵阳龙洞堡机场举行,贵州省水利厅党组成员、机关党委书记金世俊主持捐赠仪式,安徽省水利厅副厅长张效武、贵州省水利厅副厅长金康明出席仪式,安徽省防汛抗旱指挥部办公室、贵州省防汛抗旱指挥部办公室有关负责人参加捐赠仪式。

2010年4月13日,北京市水务局向贵州省旱区捐赠抗旱救灾资金80万元。贵州省水利厅副厅长、贵州省防汛抗旱指挥部办公室主任金康明出席仪式,水利厅机关干部职工参加了捐赠仪式。

中国工商银行为贵州省水利设施建设捐款100万元,贵州省水利厅副厅长鲁红卫代表省水利厅出席捐赠仪式。

2010年4月13～16日，水利部总规划师、规计司司长周学文一行到贵州省调研抗旱救灾及水源工程建设规划编制工作。调研组一行深入黔南州、黔西南州、安顺市等重灾区，实地查看旱情灾情，看望受灾群众，详细了解农村饮水和水利建设情况。16日上午在贵州饭店召开调研座谈会。省长助理郝嘉伍陪同调研，并参加座谈会。

2010年4月16日，贵州省气象台根据近期降雨实况及未来天气趋势预报，将干旱红色预警降为橙色预警。

贵州省政府与水利部水源工程建设规划调研组座谈。贵州省省长助理郝嘉伍出席座谈会并讲话，省政府办公厅机关党委书记张学军主持座谈会，贵州省防汛抗旱指挥部副指挥长、贵州省水利厅厅长黎平出席座谈会并作《贵州省抗旱救灾及水利建设情况》汇报。

2010年4月21～22日，水利部水土保持司、农村水利司、水土保持监测中心、灌排中心和珠江水利委员会组成联合调研组，赴贵州省黔西南州兴仁县、兴义市，就水利建设、生态建设与石漠化治理"三位一体"工作进行专题调研。

2010年4月23日，水利部黄河水利委员会对口支援贵州省抗旱救灾的黔西南州兴义市鲁布革镇钻井成功出水。该井使鲁布革镇4 000余名群众、3 000多头大牲畜饮用水需求得到保障，同时保障了该地区一定范围内的农业灌溉用水。

2010年4月23日，贵州省政府自然灾害综合应急指挥部根据气象、旱情、灾情变化和有关预案规定，调整贵州省自然灾害救助、水旱灾害、气象灾害 I 级应急响应及森林火灾 I 级预警为 II 级，并要求各地各有关部门按照有关预案要求，结合工作实际调整工作部署，围绕"保饮水、保民生、保春耕"继续抓好干旱灾害应对工作。

2010 年 5 月 14 日,贵州省政府应急办根据贵州雨情、水情、旱情、灾情发展变化和有关预案规定,决定终止贵州省自然灾害救助、干旱灾害、气象灾害Ⅱ级响应及森林火灾Ⅱ级预警,撤销省自然灾害综合应急指挥部。

附录3 抗旱救灾图集

一、干旱灾害

威宁草海因旱"缩水"9.1%

2010年3月3日,晴隆县光照镇规模村,两名布依族妇女肩挑20多斤的水走山路回家

2010年3月3日,晴隆县光照镇规模村,一名布依族妇女正挑水回家

2010年3月5日,普安县卡塘村,一名妇女正在烟苗地搭建遮阴棚

惠水县村民用摩托车托运水

干涸的兴义市鲁屯镇晏家湾水库　　兴义市万鲁农业基地里绝收的油菜

盘县因旱干枯的竹林　　　　　　因旱干涸的小型水库

盘县板桥镇银汞山村群众排队取水

仁怀市鲁班镇
尚礼村龙井组
群众到较远的
山洞取水

兴义市捧乍村男女老少到几百米
远的地方取水

盘县民主镇小白岩村群众排队取水

兴义市洛万缺水群众用马到几千
米远的地方驮水

二、领导视察

2010年3月25日至28日，水利部党组成员、副部长周英率工作组赴贵州省了解旱情、检查指导抗旱工作

水利部党组成员、副部长周英率工作组赴贵州省了解旱情、检查指导抗旱工作

2010年3月17日，省委书记石宗源在兴义市民航村七块地小麦示范基地查看旱情

水利部刘宁副部长在桐梓县检查指导抗旱救灾工作

国家防总工作组深入兴仁县检查指导抗旱救灾工作

2010年3月17日，省长林树森深入惠水摆金镇滴水岩取水点调研旱情　2010年3月17日，省长林树森在惠水县高镇首创村与群众交谈

2010年3月17日，省长林树森在长顺县中坝乡检查指导抗旱救灾工作　2010年3月31日，省长林树森在兴仁县雨樟镇格沙屯村检查抗旱打井工作

2010年3月4日，省委副书记王富玉一行赴清镇市调研旱情，指导抗旱救灾工作

2010年4月13日，省委常委、常务副省长王晓东在水城县纸厂乡检查指导抗旱救灾工作

2010年3月22日，省委常委、常务副省长王晓东在丹寨县检查抗旱工作

时任副省长辛维光在丹寨县检查抗旱工作

2010年3月15日，省长助理郝嘉伍在湄潭县黄家坝镇宝台村检查指导抗旱打井工作

2010年3月5日，副厅长金康明一行检查紫云县猫营镇黄土村烟水配套工程抗旱工作

2010年3月5日至7日，省防汛抗旱办公室主任金康明一行到安顺市紫云县、西秀区和毕节地区织金县、黔西县、毕节市实地进行检查、督导抗旱救灾工作

2010年3月10日下午，副厅长周登涛一行到松柏山水库检查指导抗旱工作

三、安排部署

2010年3月25日，贵州省水利系统抗旱救灾工作电视电话视频会议在省水利厅办公大楼8楼会议室召开

2010年4月15日，国家水利部规划司司长周学文一行深入兴仁县检查指导抗旱工作

2010年4月2日上午，贵州省军区参谋长张军一行到省防汛抗旱指挥部调研

四、真情帮扶

2010年3月31日下午，北京抗旱救灾物资安全抵贵之运输车队

2010年4月2日上午，北京市驰援贵州抗旱救灾物资捐赠仪式在贵阳龙洞堡机场举行

2010年4月12日，安徽驰援贵州抗旱救灾物资捐赠仪式在贵阳龙洞堡机场举行

北京捐赠的物资

天津捐赠的物资

湖北捐赠的物资

安徽捐赠的物资

新疆捐赠的物资

2010年4月4日上午，水利部机关
干部职工向贵州重旱区捐款

2010年3月31日下午，北京抗旱救灾物资安全抵贵之运输车队

水利部积极开展向干旱灾区人民　　中国水利水电科学研究院召开派
"送温暖、献爱心"捐款活动　　　往贵州省四个灾区前线的专家动
　　　　　　　　　　　　　　　　　　员大会

太湖流域管理局派出工作组支援贵州抗旱救灾

五、抗旱救灾

黄河水利委员会帮扶贵州抗旱救灾
麻山乡开钻打井

黄河水利委员会帮扶贵州抗旱救灾
兴义市鲁布革镇钻井成功出水

2010年4月19日，长顺县防办副主
任柏锋在送水现场向群众发放北京
市水务局捐赠的净水消毒药片

2010年3月31日，新疆不远万里驰
援贵州的10吨"旱地龙"分运至贵
州毕节等6个地（州、市）重旱区

2010年4月19日，湖北捐赠的送水
车为长顺县中坝乡翁拉村群众送水
解渴

北京捐赠抗旱送水车在安顺送水
抗旱

2010年4月8日，毕节市城区抗旱
应急水源

贵州水利技术人员为受旱群众打井
铺管，解决用水困难

2010年4月9日，长顺县代化片区抗旱应急水源工程顺利通水

2010年3月25日，长顺县水利抗旱
服务队整装集结执行任务

2010年3月25日，长顺县水利抗旱
服务队为群众送来饮用水

2010年3月25日，长顺县水利抗旱服务队送水

惠水县水利局向好花红乡赠送抗旱
设备

惠水县抗旱服务队队员检修河西电
灌站电机

惠水县新建的蓄水池蓄山泉水解决
群众缺水之困

惠水县水利局抗旱服务队为受旱群
众浇水保苗

2010年3月28日，原黔南州州长李月成与水利干部职工、当地群众一起抗旱保苗

惠水县甲烈乡红星村抗旱救灾应急工程通水

惠水县水利局为县断杉中学送水

2010年3月28日，罗甸县罗沙乡坡脚组应急水源通水

龙里县发往各乡（镇）抗旱救灾物资

瓮安县组织消防车送水下乡

龙里县抗旱服务队检修抗旱机具

龙里县组织社会捐赠活动

普安县消防大队为窝沿乡群众送水

兴义市万鲁镇政府为贡新村蚂蝗塘
组群众送水

兴义市消防大队为缺水群众送水

安龙县抗旱排涝服务队为缺水群众
送水

册亨抗旱排涝服务队帮助群众抽水
抗旱

兴驰公司为兴义市敬南村缺水群众
送水

紫云县抗旱排涝服务队为缺水群众
送水

正安县格林镇政府组织力量为田中
学校送水

盘县板桥镇政府组织农用车为哒啦村、银汞山村群众送水

独山县气象部门开展人工增雨作业　盘县民主镇政府组织拖拉机为小白
岩村群众送水

2010年3月21日，开阳县宅吉乡潘
桐村简家湾组村民有秩序地排好
队，接水回家

2010年3月12日，104地质队在息
烽县打井抗旱现场

老农取水解渴

盘县百年大旱中的哮天龙水库发挥
着巨大的抗旱作用

盘县板桥镇水利站为云汞山群众
送水

兴义市则戎乡冷洞村建设梯田
配套小水池

生产自救

罗甸县罗沙乡受益群众给州、县水
利局送锦旗

六、记者采访

2010年3月28日至29日，中央媒体"西南抗旱行"深入六盘水市、黔西南州采访

2010年3月28日至29日，记者在盘县哮天龙水库采访